KB185660

실내 가드닝 DIY의 모든 것

씨앗문고

실내 가드닝 DIY의 모든 것

초판 1쇄 찍음 2024년 12월 20일 **초판 1쇄 펴냄** 2024년 12월 27일
지은이 박상태(글로스터) **펴낸이** 이정희 **기획, 일러스트** 아피스토
아트디렉터 김태주 **디자인** Labi.D **마케팅** 신보성
제작 (주)아트인 **펴낸곳** 미디어샘 **등록** 제311-2009-33호(2009년 11월 11일)
주소 03345 서울시 은평구 통일로 856 메트로타워 1117호
대표전화 02-355-3922 **팩스** 02-6499-3922
전자우편 mdsam@mdsam.net **블로그** www.mdsam.net
ISBN 978-89-6857-246-3 14520
978-89-6857-242-5 SET

• 씨앗문고는 식물을 사랑하는 이에게 가장 쓸모 있는 식물 지식을 전달하는 미디어샘의 식물실용서 시리즈입니다.
• 씨앗문고는 식물을 사랑하는 독자 여러분의 소중한 투고를 기다리고 있습니다. 책으로 펴내고 싶은 원고나 제안은 mdsam@mdsam.net으로 보내주세요.

실내 가드닝 DIY의 모든 것

박상태

미디어샘

차례

프롤로그

직접 만드는 재미를 즐기는 가드닝 DIY

가드닝을 하다보면 사야 할 것이 참 많습니다. 그런데 기성품을 구입해서 사용하다보면 조금 불편하기도 하고 내가 원하는 것을 판매하지 않는 경우도 경우도 많았습니다.

그래서 직접 만들어보면 어떨까 생각하고 하나둘 만들다보니 나름 작은 책으로 엮을 정도의 DIY 꿀팁이 모아지게 되었습니다. 특히 환경문제가 많이 대두되고 있는 요즘, 식물을 키우는 것은 지구 환경에 도움이 되는 일이라 생각하기에 용품 또한 가급적이면 주변에서 버리는 것들을 재활용해서 만드는 것 자체에 보람을 느끼기도 했습니다.

내가 직접 만든 가드닝용품으로 가드닝을 하면 만드는 재미도 있지만, 사용하면서도 왠지 모를 뿌듯함이 느껴집니다. 또 기능적으로도 내가 원하는 방향으로 세분화해 만들어갈 수 있는 장점도 있습니다.

이 책을 접하시는 분들도 다양한 DIY 꿀팁을 보고 더 재미있고 즐겁게 가드닝을 하기를 바랍니다.

집에서 많은 식물을 키우는 데 도움을 준 가족에게 감사를 전합니다. 무엇보다 책 출간을 제안하고, 책의 대부분을 차지하는 일러스트로 완성도를 높여주신 아피스토 님에게 특별히 감사드립니다.

박상태

실내 가드닝용품 DIY하는 법

빨대 물조리개로 물 주는 법

☑ 버블티용 빨대, 스카치테이프, 가위

물조리개의 출수구는 대부분 가늘고 짧게 설계되어 있어 가까운 식물에게 물을 줄 때는 편리하지만, 화분 안쪽에 위치한 식물에게 물을 줄 때는 어려움이 생기기 마련입니다. 특히 화분이 빽빽하게 배치되어 있거나, 큰 화분 안쪽의 식물에 물을 줄 때는 출수구 길이 때문에 물이 잘 닿지 않는 경우가 많습니다.

빨대를 이용하면 손이 닿기 힘든 곳까지 물을 편리하게 줄 수 있습니다. 이번 장에서는 빨대를 활용해 물조리기를 개선하는 방법과 사용 팁을 소개합니다.

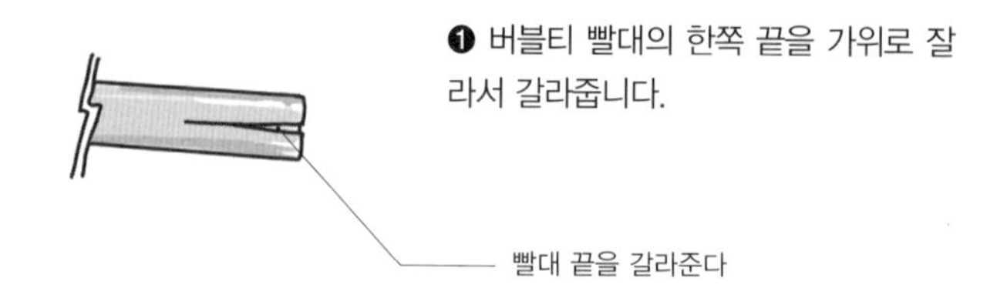

❶ 버블티 빨대의 한쪽 끝을 가위로 잘라서 갈라줍니다.

❷ 출수구 끝에 빨대의 한쪽 끝을 끼웁니다.

빨대를 끼운다

❸ 접착테이프로 빨대와 물조리개의 연결부를 한 바퀴 감아줍니다.

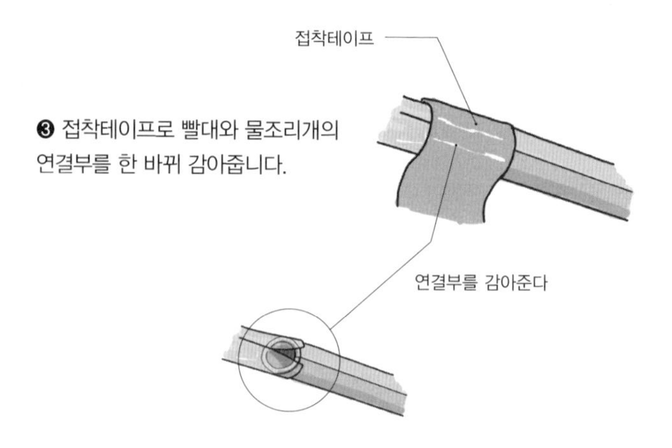

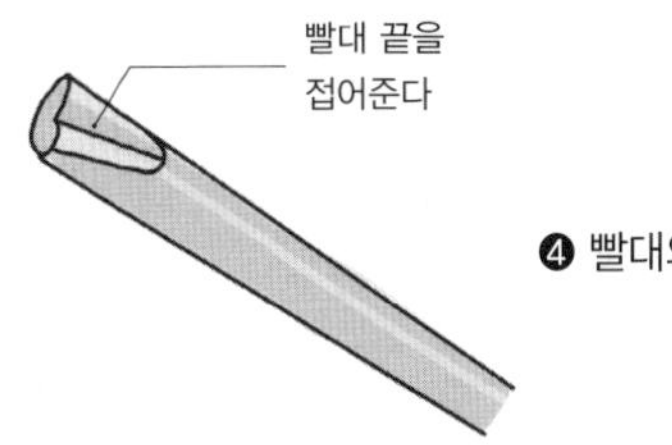

❹ 빨대의 끝부분을 한 번 접어줍니다.

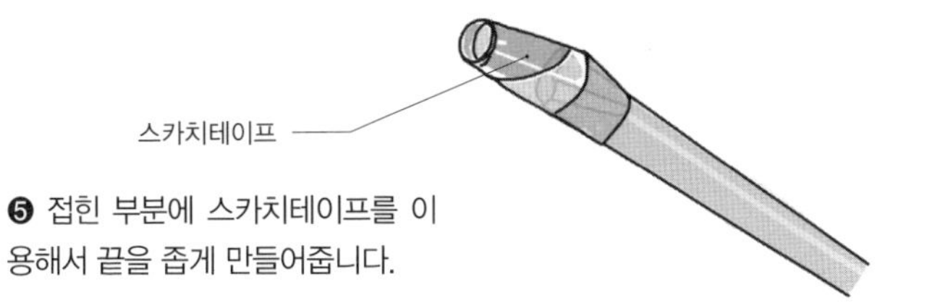

❺ 접힌 부분에 스카치테이프를 이용해서 끝을 좁게 만들어줍니다.

❻ 완성입니다. 물 주기 힘든 환경에서 사용해보세요.

햇반 용기로 행잉분 만드는 법

☑ 행잉고리, 햇반 용기 또는 플라스틱 물받침, 전기인두

공간을 더욱 효율적으로 활용하고 싶을 때나 식물이 햇볕을 더 잘 받을 수 있도록 도와주고 싶을 때, 또는 잎이 길게 자라는 식물이나 줄기가 아래로 늘어지는 특징을 가진 식물을 키울 때, 행잉분은 큰 도움이 됩니다. 다만 행잉분을 따로 구입하기가 번거롭고, 물을 주면 아래로 흘러나오는 형태가 많기 때문에 활용에 어려움이 있습니다. 직접 행잉분을 만들면 이런 부분에서 단점을 개선할 수 있습니다. 원하는 크기와 디자인으로 만들거나, 물 빠짐 문제를 최소화하는 구조로 직접 만들 수 있는 것이 DIY 행잉분의 장점입니다.

햇반 용기의 활용

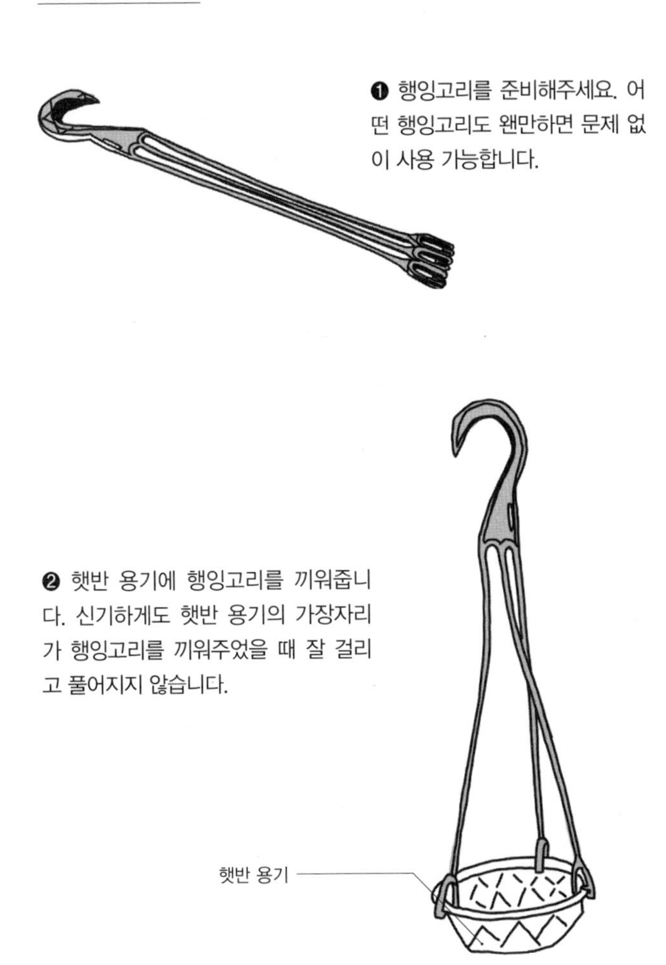

❶ 행잉고리를 준비해주세요. 어떤 행잉고리도 왠만하면 문제 없이 사용 가능합니다.

❷ 햇반 용기에 행잉고리를 끼워줍니다. 신기하게도 햇반 용기의 가장자리가 행잉고리를 끼워주었을 때 잘 걸리고 풀어지지 않습니다.

tip 햇반 용기는 사용 전 깨끗이 세척하고 완전히 건조하세요. 잔여 음식물이 남아 있으면 곰팡이가 생기거나 악취가 발생할 수 있습니다.

플라스틱 물받침의 활용

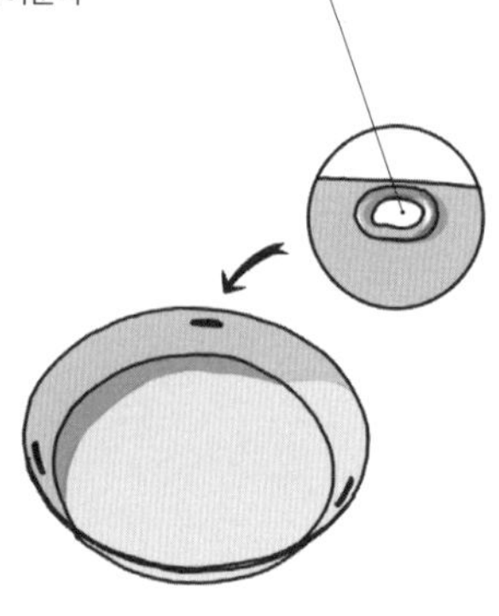

❸ 좀더 큰 화분을 행잉분으로 만들고 싶을 때는 시판되는 플라스틱 물받침을 구입하셔서 만들어줄 수 있습니다. 구멍 뚫을 3곳에 표시를 한 후, 인두로 표시한 곳에 구멍을 뚫어줍니다.

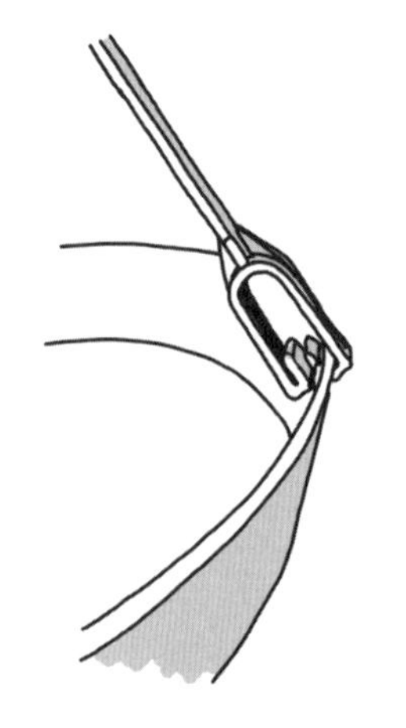

❹ 행잉 고리를 구멍에 걸어줍니다.

tip 행잉 고리가 걸리는 위치를 잘 맞추고 구멍을 뚫어야 잘 걸립니다.

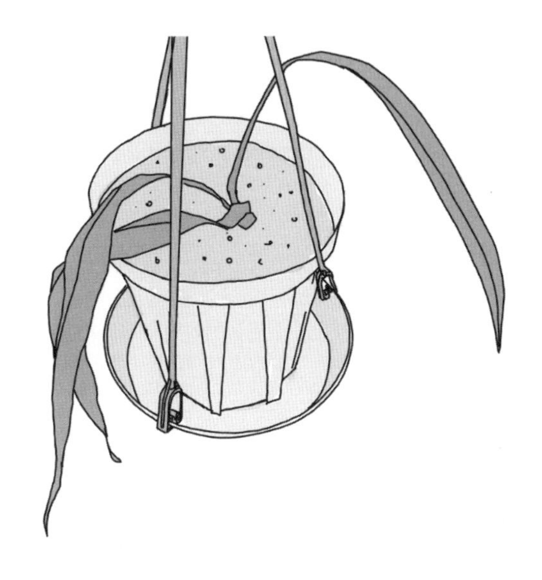

❺ 플라스틱 물받침 위에 화분을 올려준 뒤, 원하는 장소에 걸어줍니다.

focus 작업 시 주의할 점

1. 행잉 고리를 만들어야 한다면 분재철사와 같이 무게를 충분히 지탱할 수 있는 재료를 사용하세요. 약한 끈은 식물의 무게를 이기지 못하고 끊어질 수 있습니다.

2. 물받침에 끈을 걸기 위해 구멍을 뚫을 때는 무엇보다 위치를 정확히 대칭으로 맞춰야 균형이 잡힙니다. 그렇지 않으면 화분이 기울어질 수 있습니다.

페트병으로
토양보관통 만드는 법

☑ 2리터 페트병 2개, 칼, 순간접착제, 스카치테이프, 자, 네임펜

가드닝용 토양을 잘 보관하는 것은 생각보다 까다롭습니다. 녹소토, 적옥토, 마사토 등과 같은 건조된 상태의 토양은 습기를 조절하며 잘 보관하지 않으면 쉽게 굳거나 먼지가 날려 관리가 어렵습니다. 이러한 토양을 보관하기 위해 생수통이나 대형 페트병을 활용하면 아주 편리합니다. 생수통은 밀폐력이 좋아 토양이 습기를 흡수하거나 먼지가 날리는 것을 방지할 수 있고, 내용물이 보이기 때문에 필요한 양을 쉽게 확인할 수 있습니다. 생수통을 활용한 토양 보관법과 함께 간단하게 깔대기를 만드는 방법을 상세히 알려드립니다.

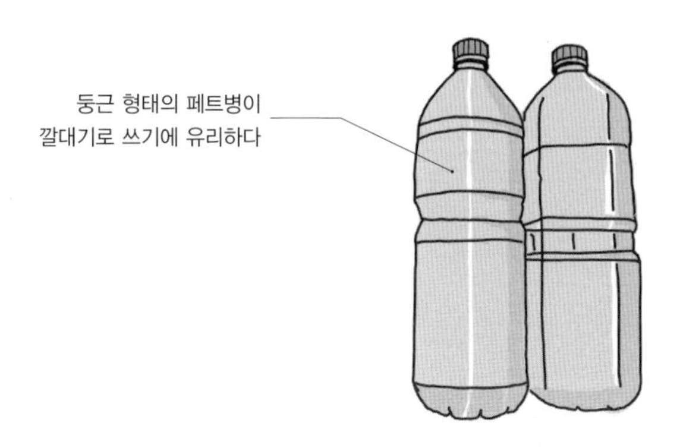

❶ 2리터 페트병을 준비합니다. 다양한 형태의 페트병이 있지만 깔대기용으로 쓰기 위해서는 둥근 형태가 좋습니다. 하지만 어떤 형태라도 기본적으로 사용하는 데는 문제가 없습니다.

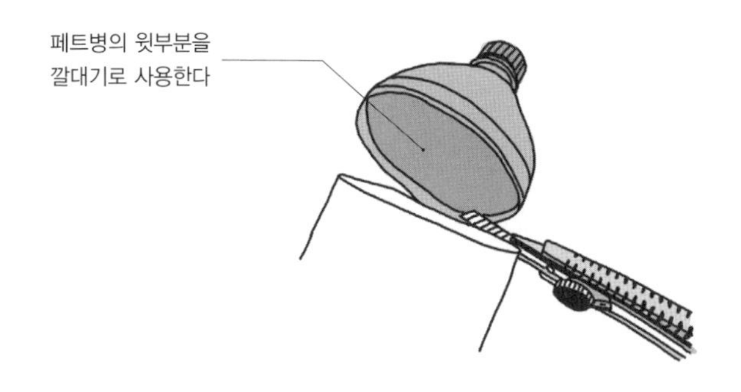

❷ 윗부분을 칼로 동그랗게 잘라 깔대기를 만듭니다. 라벨지를 기준 삼아 최대한 삐뚤어지지 않게 잘라주세요. 무라벨 페트병의 경우에는 자와 네임펜 등으로 줄을 먼저 그어놓은 다음 칼로 잘라주세요.

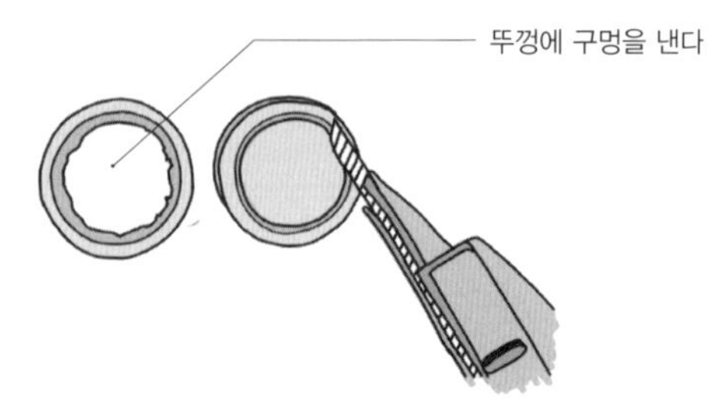

❸ 뚜껑 2개를 준비하여 2개의 뚜껑에 구멍을 내줍니다. 칼로 쿡쿡 눌러 가면서 잘라주면 됩니다. 꼭 동그랗게 잘 자를 필요는 없습니다.

❹ 순간접착제로 2개의 뚜껑 절단 부위에 발라 서로 붙여줍니다.

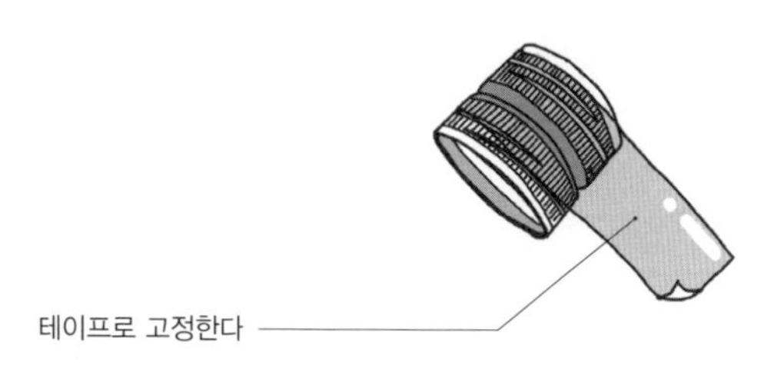

❺ 맞붙인 두 개의 뚜껑을 테이프로 2바퀴 정도 둘러줍니다. 잡아당기면서 타이트하게 잘 붙여줍니다.

tip 가능하면 신축성이 있는 테이프를 쓰세요.

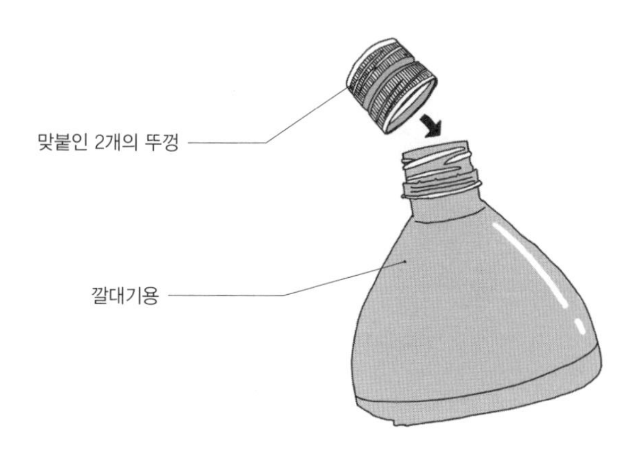

❻ 완성된 뚜껑 부품을 깔대기에 돌려서 닫아줍니다.

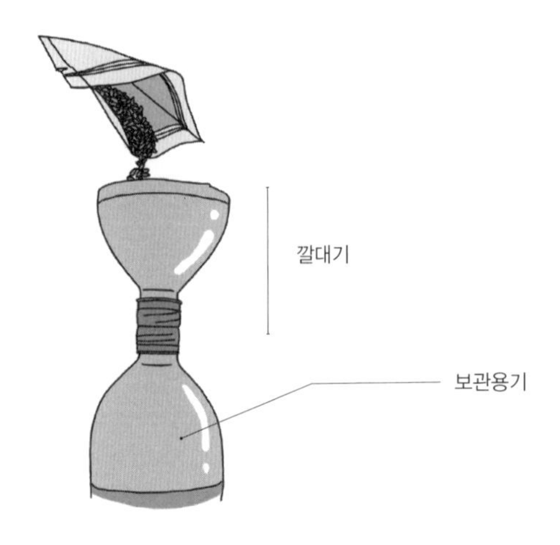

❼ 깔대기를 페트병에 결합한 후, 재료를 깔대기를 통해 부어주세요. 결합한 깔대기는 분리하여 뚜껑을 닫아 보관합니다. 깔대기는 이 상태로 보관하다가 다른 재료를 담을 때 사용하면 됩니다.

focus 작업 시 주의할 점

1. 작은 페트병도 입구는 같은 규격이라 동시에 사용 가능해요.
2. 음료나 다른 내용물이 들어 있던 페트병은 사용 전 반드시 세척하고 완전히 건조하세요. 잔여물이 남아 있으면 토양에 곰팡이나 해충이 생길 수 있습니다.
3. 투명한 페트병을 사용하면 내용물의 상태와 양을 쉽게 확인할 수 있어 관리가 편리합니다.
4. 칼이나 가위를 사용할 때 손을 다치지 않도록 조심하세요. 자른 단면은 날카로울 수 있으니 사포로 갈거나 테이프로 감싸 마무리하세요.

플라스틱통으로 모종삽과 사선삽 만드는 법

☑ 빈 플라스틱 우유통, 네임펜, 자, 칼, 장갑, 빈 마요네즈통, 가위

모종삽은 식물을 심거나 분갈이, 흙을 옮기는 등의 다양한 작업에 사용되기 때문에, 용도에 따라 크기와 모양이 다릅니다. 플라스틱 우유통과 마요네즈통은 비교적 튼튼하고 가벼운 재질이므로, 모양을 자유롭게 조정할 수 있습니다.
이번 장에서는 우유통과 마요네즈통을 이용해 간단하면서도 견고한 모종삽을 만드는 방법을 소개합니다. 집에 굴러다니는 플라스틱 용기를 버리지 않고 활용해 나만의 맞춤형 도구를 만들어보세요.

플라스틱 우유통을 이용한 대형 모종삽

❶ 손잡이가 달린 우유통을 준비합니다.

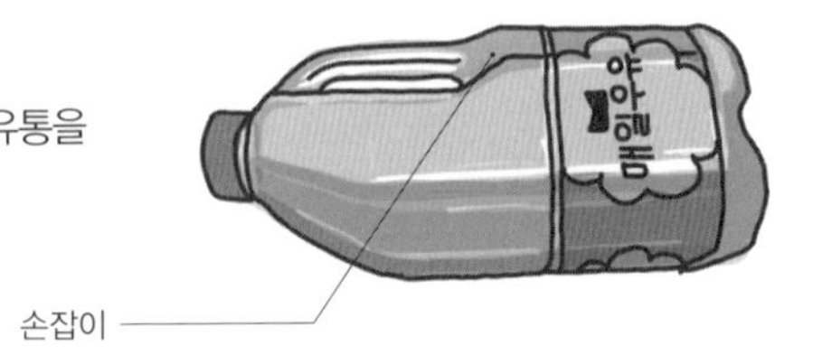

❷ 라벨을 떼어냅니다.

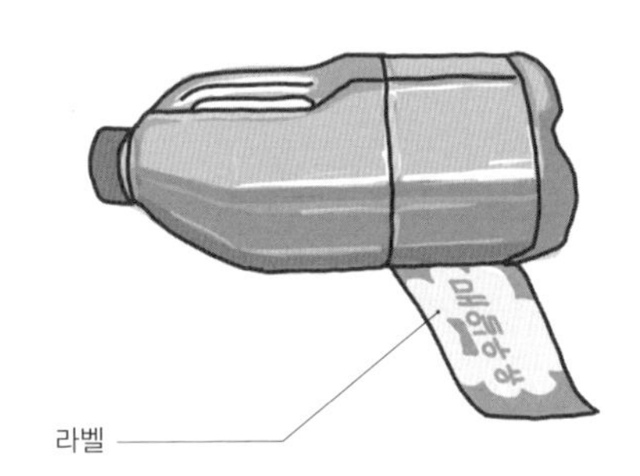

❸ 라벨 표시 부분에 네임펜으로 대각선을 그어줍니다.

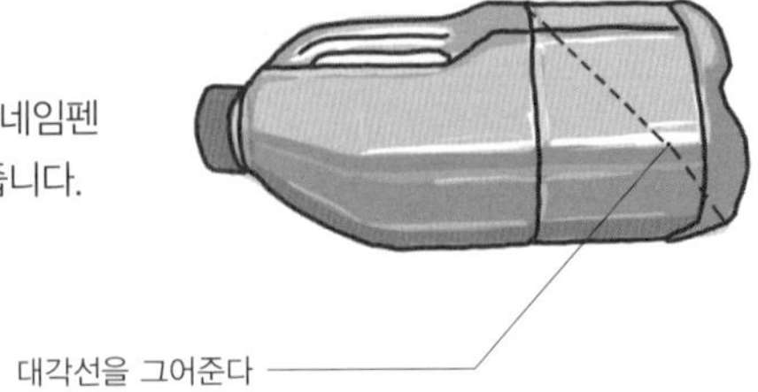

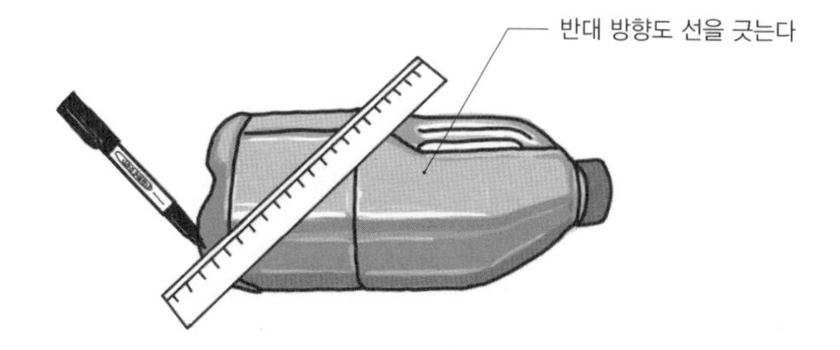

❹ 반대쪽에도 네임펜으로 선을 그어서 칼로 자를 부분을 표시합니다.

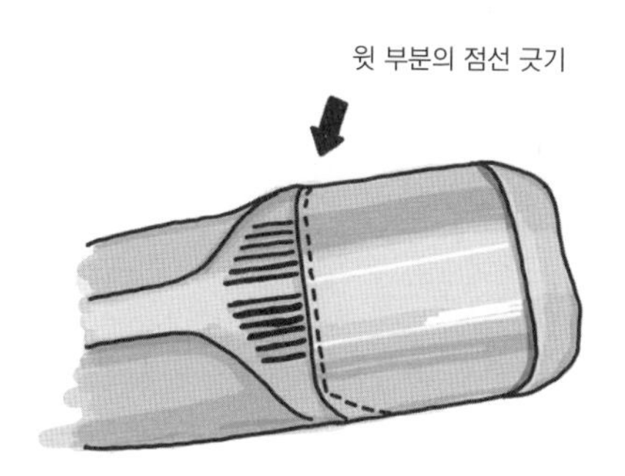

❺ 윗 부분도 점선을 그어줍니다.

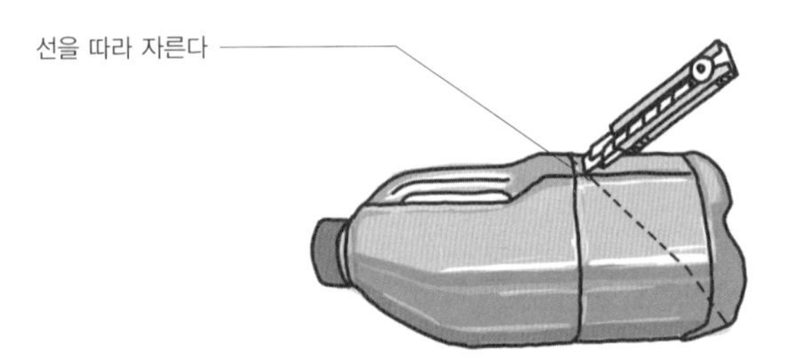

❻ 칼로 선을 따라 잘라줍니다. 안전을 위해 장갑을 꼭 착용하세요.

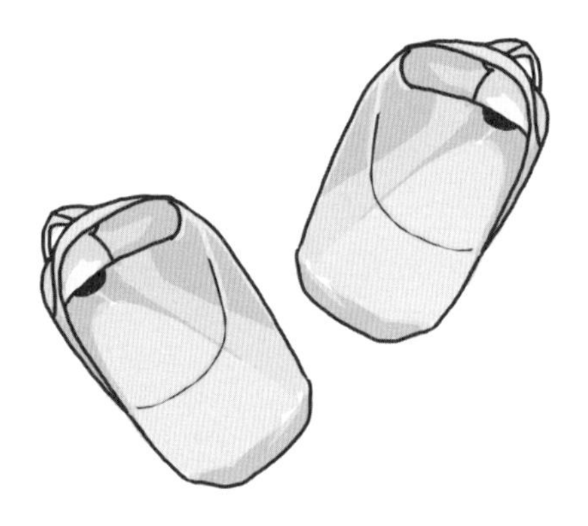

❼ 손잡이가 있는 모종삽이 완성되었습니다.

마요네즈통으로 연질 플라스틱 사선삽 만들기

❶ 다 먹고 난 빈 마요네즈 통을 준비한 뒤, 빈 통에 네임펜으로 대각선을 그어줍니다.

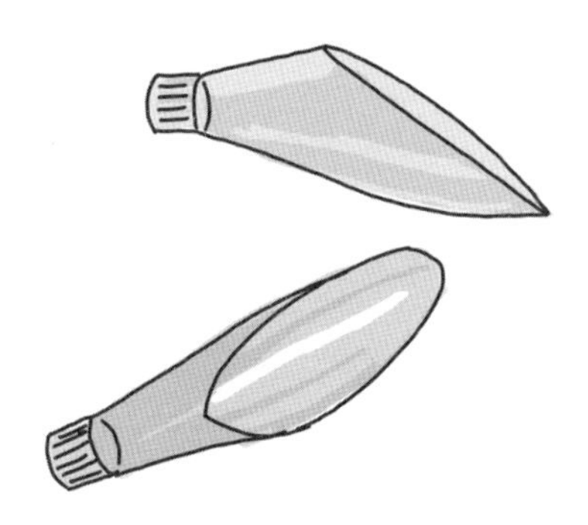

❷ 점선 부분을 가위로 잘라주면 플라스틱 사선삽이 완성됩니다.

화분 사이즈에 따라 윗 부분을 누르면
서 입구를 줄여줄 수 있다

❸ 상토나 다양한 배합재료를 담을 때 사용하면 좋습니다. 뚜껑 부분을 손으로 잡고 사용하면 됩니다.

tip 연질 플라틱이기 때문에 쉽게 잘라서 만들수 있고, 화분의 사이즈에 따라 입구를 줄일 수 있습니다. 다만 소재 자체가 부드러워서 흙을 뜰 때 깊게 떠지지 않으므로 밑에서 위로 끌어올리듯 퍼올리세요.

focus 작업 시 주의할 점

1. 우유통이나 마요네즈통은 반드시 깨끗이 세척한 후 완전히 건조한 상태에서 사용하세요. 남은 잔여물이 있으면 곰팡이나 냄새가 발생할 수 있습니다.
2. 자른 플라스틱의 끝부분이 날카로워 손을 다칠 수 있으니 사포로 다듬거나 테이프로 감싸 마감하세요
3. 플라스틱 재질은 금속 삽보다 강도가 낮으므로 너무 단단한 흙이나 돌에는 사용을 피하세요.

습기제거제통으로
물꽂이하는 법

☑ 습기제거제(새것이나 다 쓴 용기 모두 무방함)

물꽂이 번식용으로 가장 편리하게 사용할 수 있는 소품은 투명 커피컵, 머그컵, 유리잔 등입니다. 특히 트위스트 뚜껑이 달린 알루미늄 재질의 커피용기는 뿌리가 나는 모습은 관찰하기 어려운 대신 빛이 들어가지 않기 때문에 발근에 도움이 됩니다. '물 먹는 하마'라는 제품명으로 더 잘 알려져 있는 습기제거제통을 재활용하여 물꽂이를 하는 방법을 알아보겠습니다. 습기제거제통은 여러 개의 삽수를 꽂을 수 있고, 뚜껑에 망이 있어서 균형 있게 삽수를 꽂을 수 있습니다. 또 가격이 저렴하고 물 교체가 편리합니다.

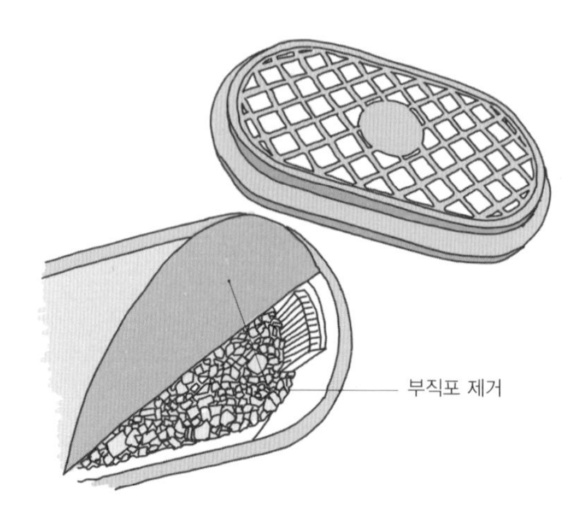

❶ 뚜껑을 벗기고 안쪽의 부직포를 제거해줍니다.

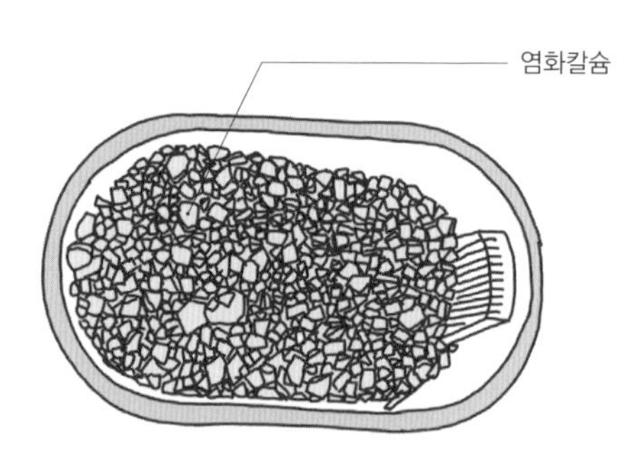

❷ 새 제품이라면 안쪽의 염화칼슘을 별도의 지퍼백 등으로 옮겨주고, 재활용이라면 안에 생긴 용액을 버려줍니다.

❸ 통 안쪽의 염화칼슘 거치대는 제거해줍니다.

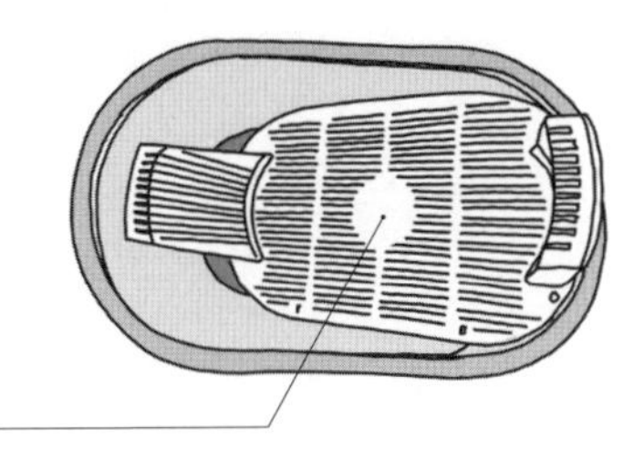

❹ 물로 깨끗하게 세척한 후 뚜껑을 다시 닫습니다.

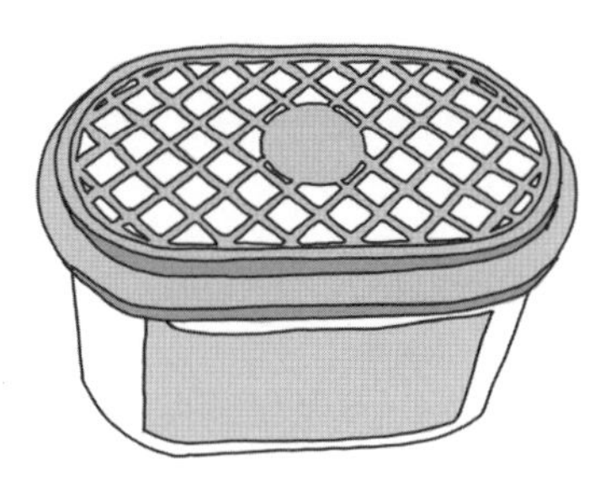

❺ 물꽂이할 삽수를 뚜껑 구멍에 하나씩 꽂아줍니다.

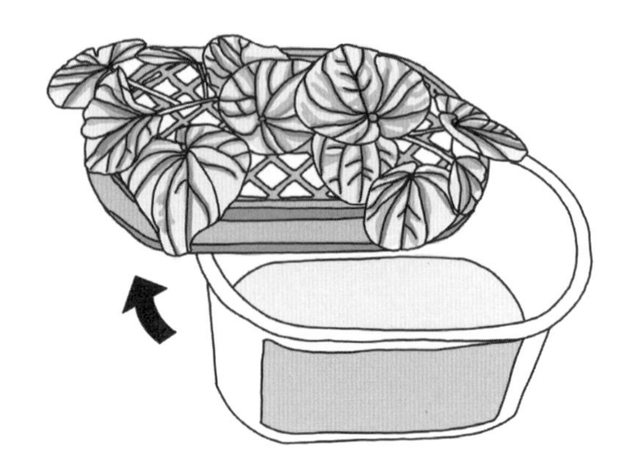

❻ 물을 갈아줄 때는 뚜껑을 한 번에 들어내고 물을 갈아주면 됩니다.

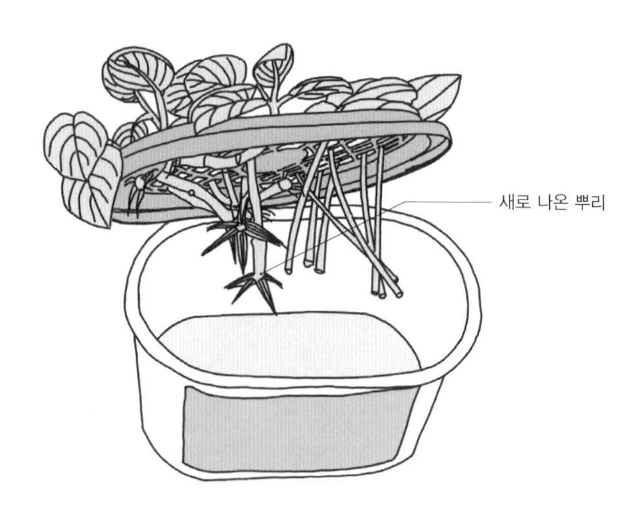

❼ 물을 갈아주면서 뿌리가 났는지 확인이 가능합니다. 뿌리가 난 것을 확인하면 정식을 합니다.

다회용 소주컵으로 삽목용 화분 만드는 법

☑ 다이소 다회용 소주컵, 다이소 전기인두

삽목을 즐기다 보면 자연스럽게 생기는 질문이 있습니다. '내가 꽂아둔 이 가지, 과연 뿌리를 잘 내리고 있을까?' 이때 가장 간단하고 효과적으로 발근 상태를 확인할 수 있는 방법이 바로 투명 삽목 화분을 사용하는 것입니다. 투명한 화분은 흙 속에 숨어 있는 뿌리를 눈으로 직접 확인할 수 있게 해주어, 삽목의 성공 여부를 쉽게 판단할 수 있습니다. 다행히 이런 화분을 비싼 재료를 사용하지 않고도 손쉽게 DIY로 만들 수 있습니다. 다회용 소주컵을 활용해 실용적이고 경제적인 투명 삽목 화분을 만들어보겠습니다.

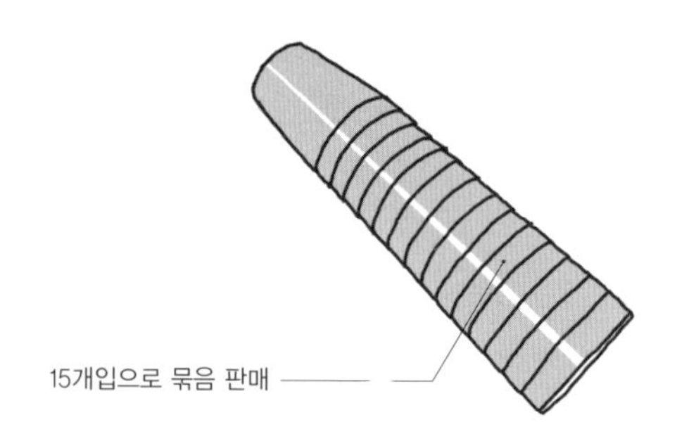

❶ 다이소 다회용 소주컵을 준비합니다.

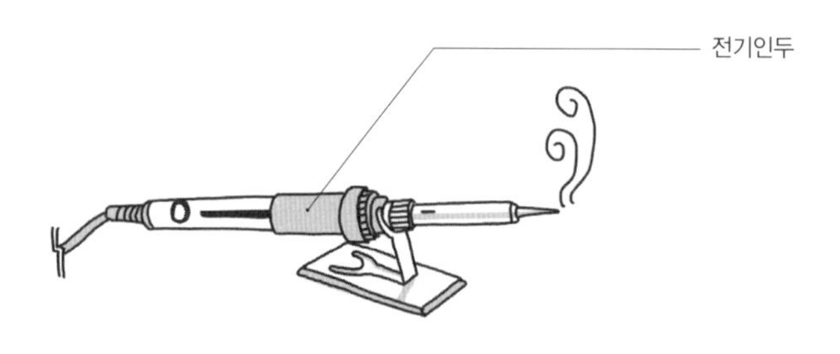

❷ 전기인두를 달구어줍니다.

tip 전기인두는 항상 작업 중 안전 거치대를 사용하고, 사용 후 완전히 식힌 뒤 보관하세요. 작업 환경을 정리하고 인화성 물질을 치워 화재 위험을 방지하는 것도 필수입니다. 혹시 플라스틱 타는 냄새가 싫다면 전기인두 대신 드릴을 사용할 수 있습니다.

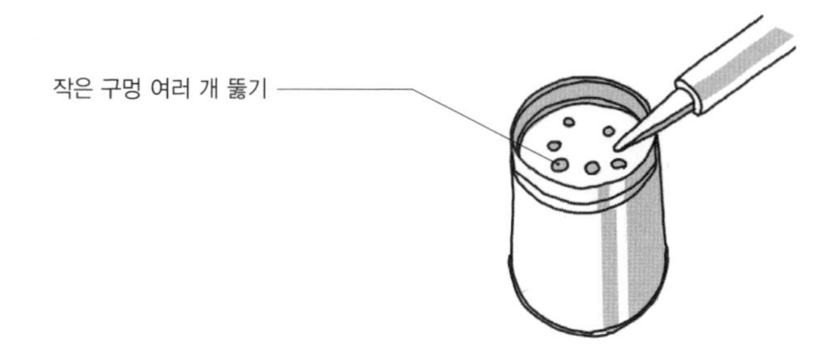

❸ 전기인두로 소주컵 아랫부분에 구멍을 뚫어주세요. 구멍을 크게 뚫으면 흙이 빠져나갈 수 있으므로 작은 구멍을 여러 개 뚫는 것이 좋습니다.

❹ 물을 주었을 때 빠져나갈 수 있는 물굽이를 만들어줍니다.

tip 삽목이 진행 중일 때는 저면관수를 해주는 것이 삽수를 건드리지 않아 성공 확률이 높습니다.

❺ 완성된 삽목용 투명 화분입니다. 큰 삽목분이 필요한 경우 다회용 위생컵을 사용하면 됩니다.

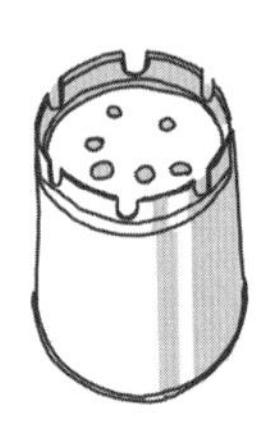

tip

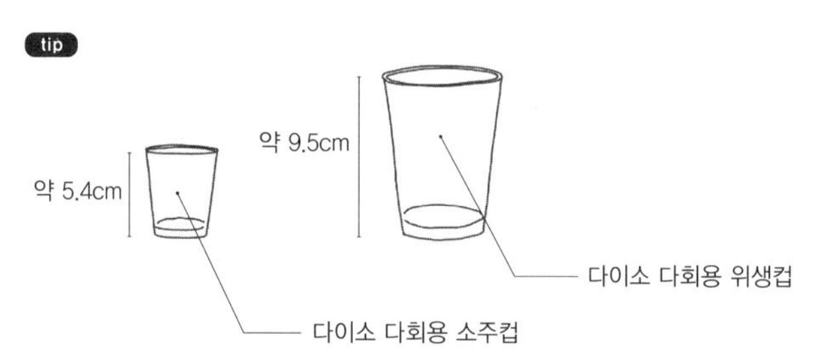

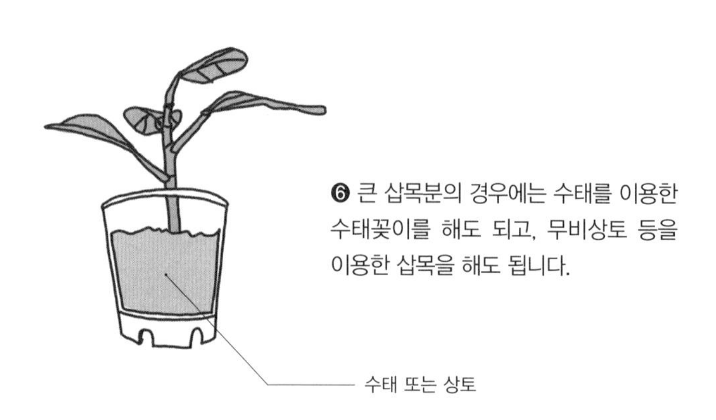

❻ 큰 삽목분의 경우에는 수태를 이용한 수태꽂이를 해도 되고, 무비상토 등을 이용한 삽목을 해도 됩니다.

물구멍 없는 토분에 물구멍 뚫는 법

☑ 지름 10mm 유리홀쏘, 전동드릴, 물구멍 없는 토분

화분 중 물 구멍이 없는 화분은 배수가 되지 않아 식물 건강에 해로울 수 있습니다. 이 경우 유리홀쏘를 이용하여 간단히 물구멍을 뚫을 수 있습니다. 유리홀쏘는 유리, 세라믹, 플라스틱 등 다양한 소재에 구멍을 뚫는 데 적합하며, 적절한 준비만 하면 안전하고 효과적으로 작업할 수 있습니다. 유리홀쏘의 크기는 화분의 크기와 배수 필요에 맞게 선택합니다. 미끄럼 방지를 위해 해당 부위에 테이프를 붙이면 작업의 정확성을 높일 수 있습니다.

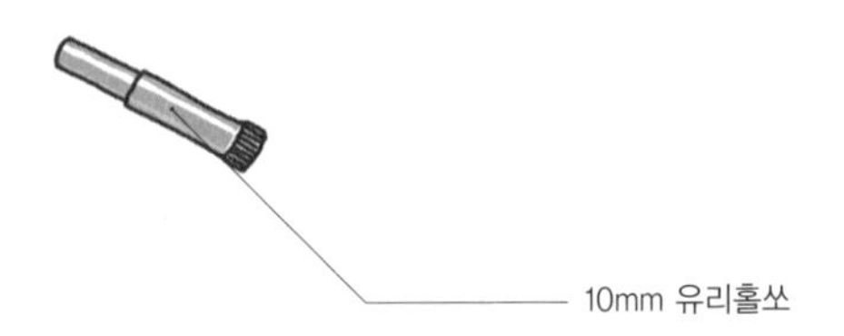

❶ 유리홀쏘는 앞 부분에 공업용 다이아몬드 가루가 붙어 있어 유리나 토기가 깨지지 않게 구멍을 낼 수 있는 드릴 전용날입니다.

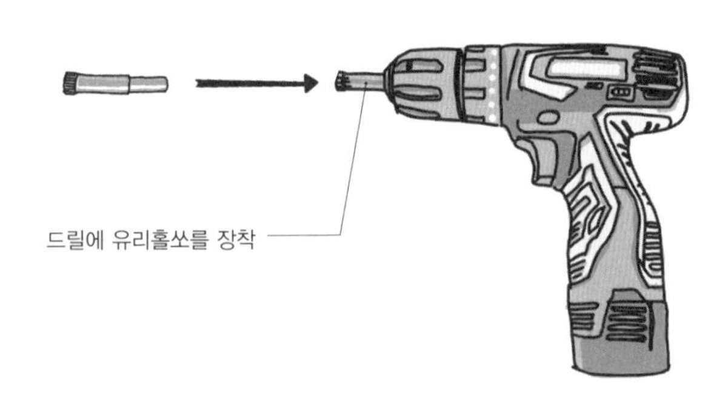

❷ 유리홀쏘를 전동드릴에 장착합니다.

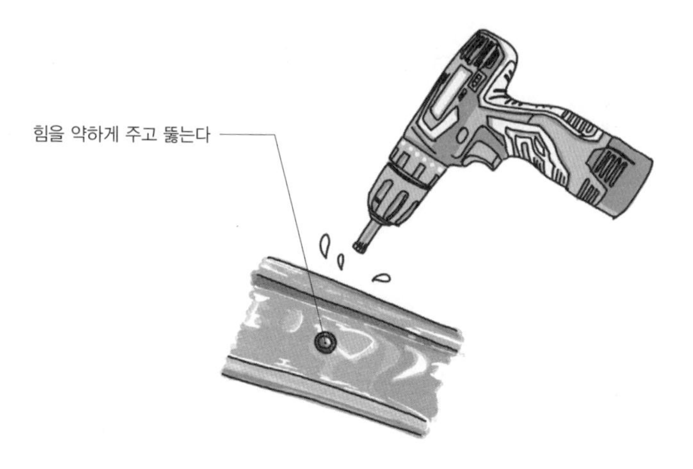

❸ 화분을 잘 고정하고 비스듬히 홈을 팝니다. 홈을 만든 후 드릴을 수직으로 세워 뚫습니다. 너무 힘을 주면 구멍이 뚫리는 순간 전동 드릴의 헤드가 화분을 강타하여 화분이 깨질 수 있습니다. 힘을 약하게 줘야 화분 안쪽 부분에 파편이 생기지 않아 깔끔하게 구멍을 뚫을 수 있습니다.

tip 물을 지속적으로 뿌리면서 구멍을 뚫어야 합니다. 열 발생이나 부드러운 연마를 위해서 필수입니다.

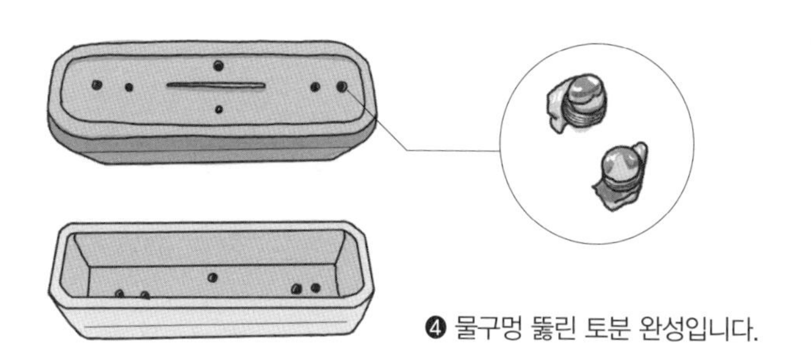

❹ 물구멍 뚫린 토분 완성입니다.

슬기로운 실내 가드닝
식물 관리법

이케아 쇼핑백으로 분갈이하는 법

☑ 이케아 쇼핑백

분갈이는 식물 관리에서 꼭 필요한 작업이지만, 적절한 작업 공간이 없으면 허리와 무릎에 부담을 주고 흙이 주변에 흩어져 불편할 수 있습니다. 이런 문제를 간단히 해결할 수 있는 방법이 바로 이케아 쇼핑백을 활용하는 것입니다. 테이블 위에 이케아 쇼핑백을 펼쳐놓고 서서 작업하면 허리를 굽힐 필요가 없어 편리하며, 흙이 가방 안에 머물러 주변이 깔끔하게 유지됩니다.

특히 쇼핑백은 가볍고 크기가 넉넉해 넓은 작업 공간을 제공하므로, 분갈이 능률을 높이는 데도 효과적입니다.

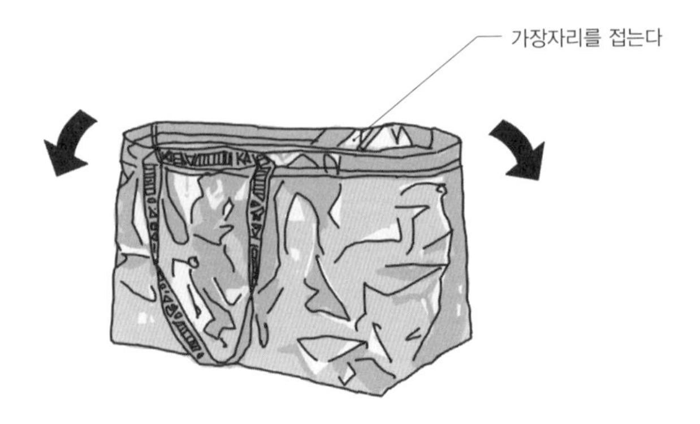

❶ 이케아 쇼핑백을 펼친 다음 가장자리를 한 번 접어줍니다. 이렇게 하면 힘이 생기면서 가장자리가 흐물흐물하지 않게 잘 서게 됩니다.

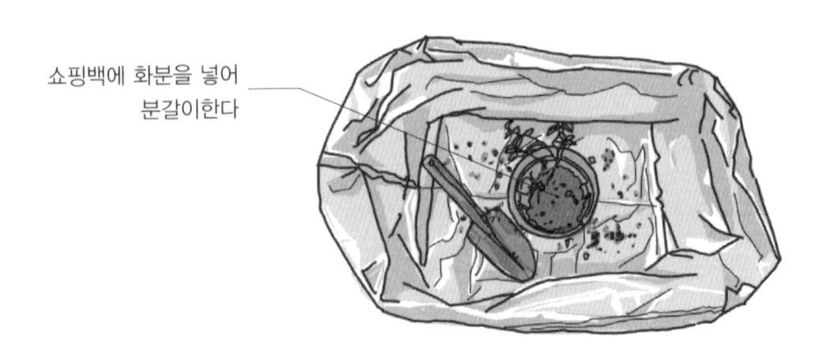

❷ 쇼핑백 안에 화분을 올려놓고 분갈이합니다. 공간이 넓어 흙도 같이 넣어서 분갈이하면 이동 중에 떨어지는 흙까지 쇼핑백 안으로 떨어집니다. 분갈이 후, 쇼핑백을 물로 씻어주고 털어서 말립니다.

tip 그 외에 다양한 생활용품을 분갈이통으로 활용할 수 있습니다. 이러한 용품들은 비용 부담 없이 쉽게 구할 수 있고, 사용 후 간단히 세척할 수 있어 유지 관리도 편리합니다.

고양이 화장실 시중에 판매하는 위가 터 있는 고양이 화장실도 분갈이통으로 사용이 가능합니다.

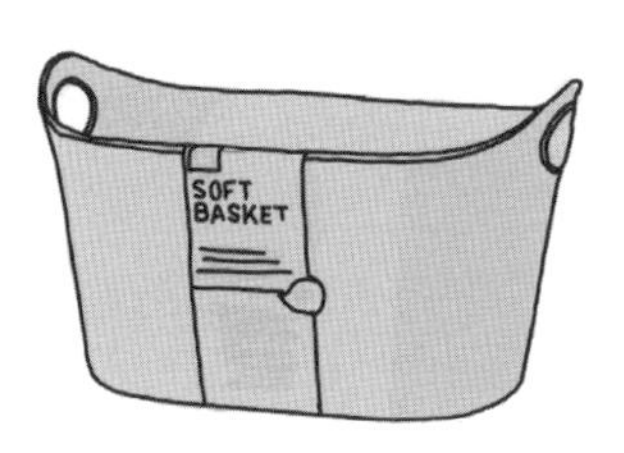

다용도 소프트바스켓 소프트바스켓은 가벼워 이동이 편리하고, 다양한 크기로 선택할 수 있어 화분 크기에 맞게 사용할 수 있습니다.

수납 턴테이블로 식물 손질하는 법

☑ 이케아 바리에라VARIERA 턴테이블(제품번호: 905.361.58), 쪽가위

식물을 키우다보면 잎이 지거나 시든 줄기 등이 많이 생깁니다. 이케아 바리에라 턴테이블은 원래 양념통 등을 놓고 돌려서 쓰는 용도로 나온 제품이지만, 화분을 올려두고 돌려가면서 세심하게 손질해줄 수 있어 편리합니다.
시든 잎은 실밥 제거용으로 쓰는 쪽가위로 잘라주세요. 굵은 줄기가 아닌 초화류의 경우에는 쪽가위가 더 편합니다.

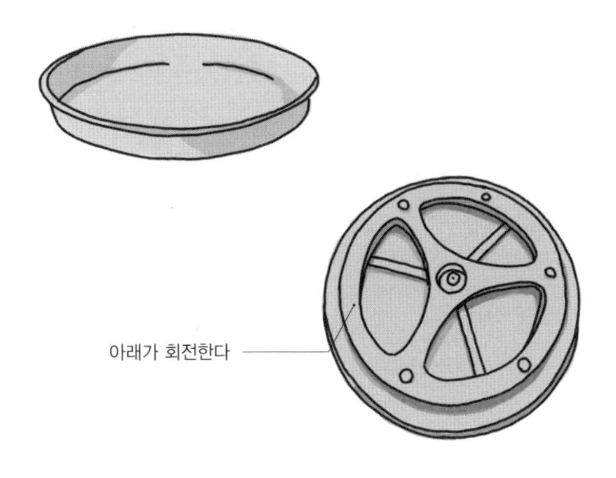

❶ 이케아 턴테이블을 준비합니다.

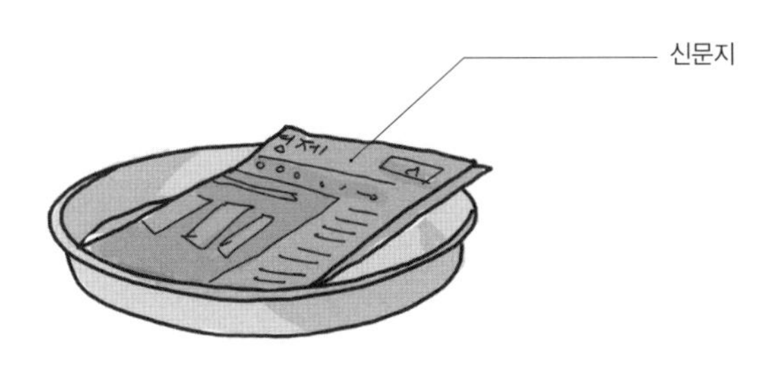

❷ 화분을 올리기 전에 턴테이블 위에 신문지를 올려줍니다.

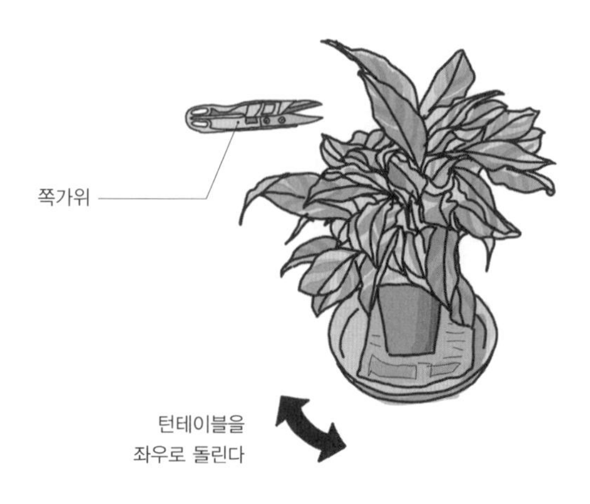

❸ 턴테이블을 손으로 돌려가며 쪽가위로 시든 잎을 잘라줍니다.

focus 작업 시 주의할 점

1. 턴테이블의 무게 한도를 초과하지 않도록 주의하세요. 너무 무거운 화분은 턴테이블의 회전 기능을 손상시킬 수 있습니다.

2. 화분을 돌릴 때 서서히 움직여야 흙이나 물이 쏟아지지 않습니다.

3. 사용 전후 쪽가위를 소독해 병해충이 전파되지 않도록 하세요.

오래된 화분 세척하는 법

☑ 재사용 토분, 철솔, 락스, 식초, 청수세미, 고무대야, 고무장갑

식물을 키우다가 식물이 죽거나 분갈이로 쓰던 토분이 남았을 때 쓰던 토분을 그대로 활용하는 경우도 있고, 쓰던 토분을 그냥 쌓아두었다가 재사용하기도 합니다. 하지만 토분에는 눈에 보이는, 또는 보이지 않는 세균, 오염물질과 각종 미네랄이 침착되어 있습니다. 특히 뿌리가 썩어서 죽은 식물이나 병충해로 죽은 식물이 담겨 있던 토분은 반드시 적절한 처리가 필요합니다.

플라스틱 화분 역시 락스 세척을 하면 얼룩이 말끔히 사라집니다. 함께 소개하겠습니다.

토분

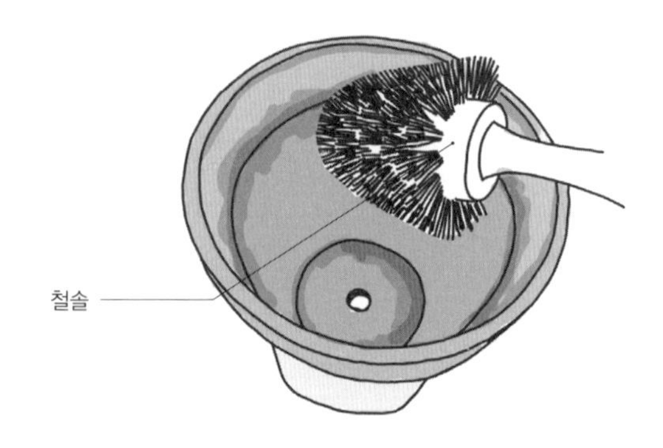

❶ 토분에 붙어 있는 흙 등의 이물질을 거친 솔로 1차 세척합니다.

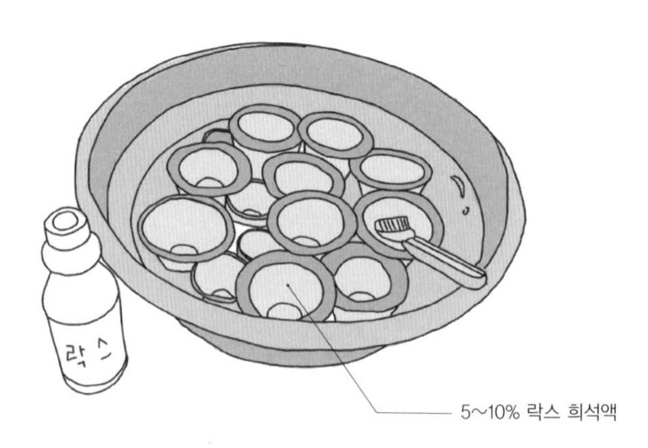

❷ 5~10% 락스 희석액에 3시간 이상 담급니다. 락스액에 담궈놓는 과정을 통해 곰팡이 포자와 이끼가 완전히 제거됩니다. 또한 불순물을 녹이고 세균을 죽입니다.

❸ 락스로 죽은 이끼나 곰팡이 등을 청수세미나 솔로 제거합니다. 잘 제거해주지 않으면, 이 부분을 양분 삼아 다시 곰팡이가 생깁니다.

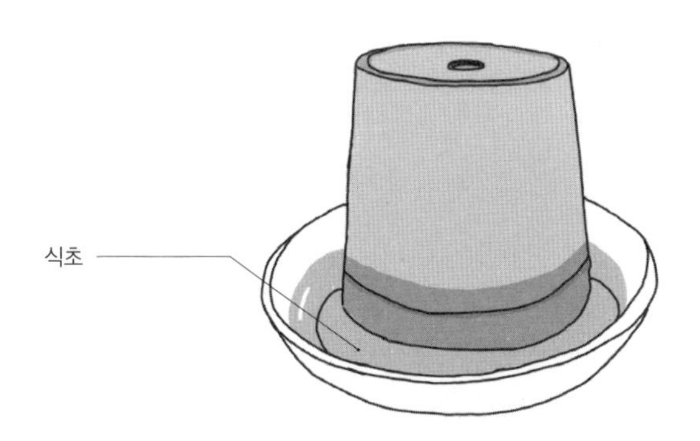

❹ 화분 윗부분에 이물질이 남아 있다면 커터칼 뒷면 등을 이용해서 벗겨내고 남은 부분은 식초를 이용해서 없앱니다. 미네랄은 알칼리성이고 식초는 산성이라서 눌러붙은 미네랄을 식초가 녹여줍니다. 제일 싼 양조식초를 물받침에 넉넉히 붓고 거꾸로 토분을 올려놓습니다. 녹는 모습을 보면서 시간을 조절해주세요.

❺ 닦아준 토분은 물을 틀어 물이 계속 흘러넘치게 하면 토분에 스며든 락스 희석액이 빠져나갑니다. 물 아끼지 말고 락스를 최대한 제거합니다.

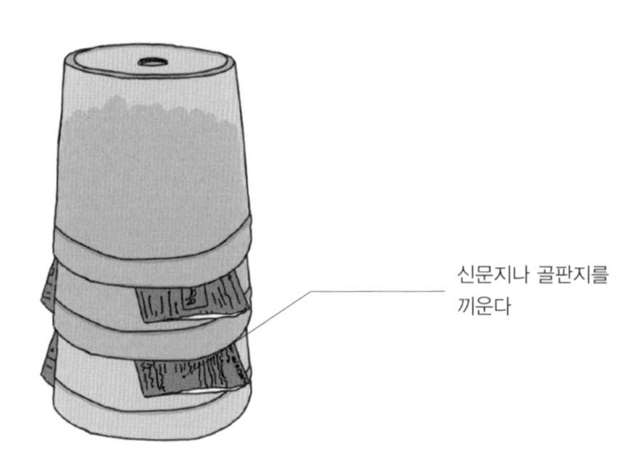

❻ 햇볕에 바짝 말려서 락스가 토분에 남지 않게 합니다. 보관할 때는 신문지나 골판지를 사이에 끼워서 화분이 부서지는 것을 방지합니다.

플라스틱분

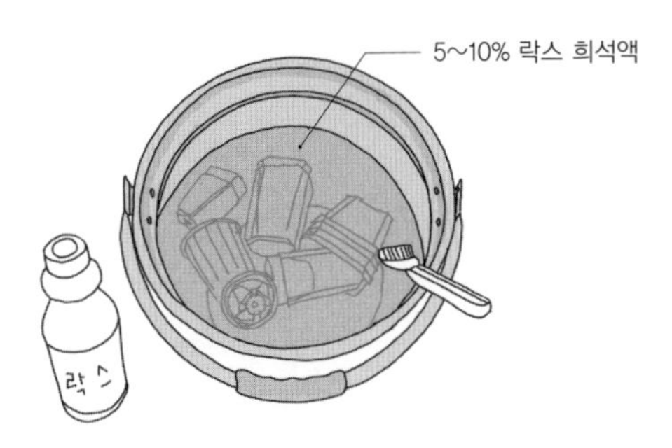

❶ 플라스틱분을 대야에 담급니다. 5~10% 희석액에 몇 시간 담궈둔 뒤 육안으로 깨끗해졌는지 확인합니다. 하루 정도 담궜다 꺼내도 좋습니다.

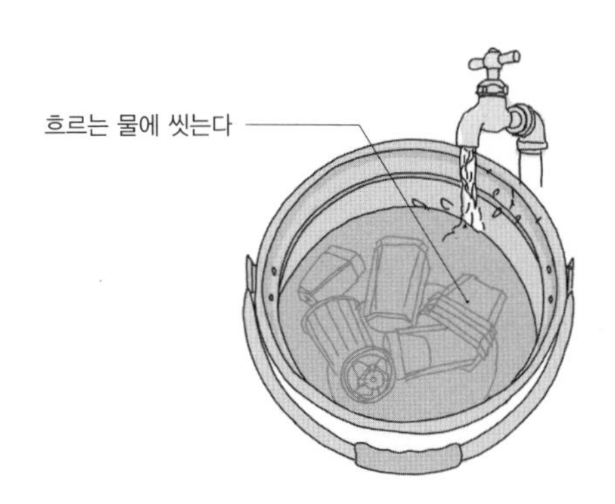

❷ 락스 희석액에서 화분을 꺼내 수돗물에 담궈두었다가 흐르는 물에 한 번 씻습니다.

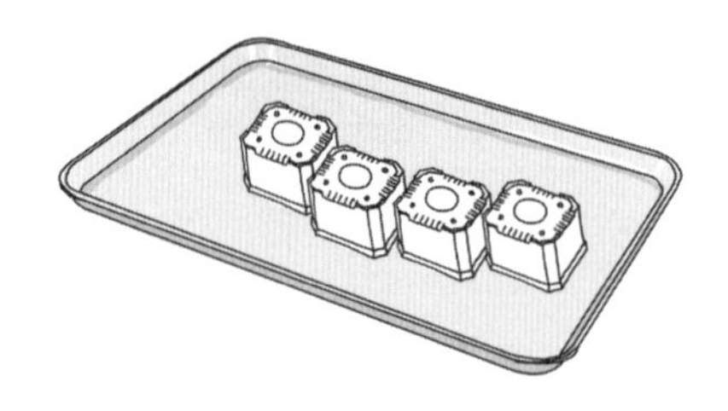

❸ 햇볕에 바짝 말립니다.

focus 작업 시 주의할 점

1. 반드시 고무장갑을 착용합니다.

2. 락스액에 탈색되어도 괜찮은 옷을 입으세요.

3. 큰 고무대야나 플라스틱 욕조를 이용합니다. 금속소재는 금물!

상토 배합 잘하는 법

☑ 배합용 바스켓, 코코칩, 코코피트, 피트모스, 펄라이트, 질석, 훈탄, 산야초 등

가드닝용 상토를 구입해 사용하는 것은 편리하지만, 필요할 때마다 직접 배합하여 사용하는 방법도 장점이 많습니다. 상토를 직접 배합하면 오래된 상토를 사용하지 않아서 좋습니다. 상토는 시간이 지나면 배양토의 영양소가 고갈되고 통기성도 떨어질 수 있기 때문에, 신선한 재료를 사용해 배합하면 식물의 성장에 도움이 되지요. 또한, 식물의 종류와 필요에 따라 배합 비율을 조정할 수 있어 개별 식물의 특성에 맞춘 맞춤형 상토를 만들 수 있습니다. 상토를 직접 배합하여 비용도 절약하고 더 좋은 식물 환경을 만들어주세요.

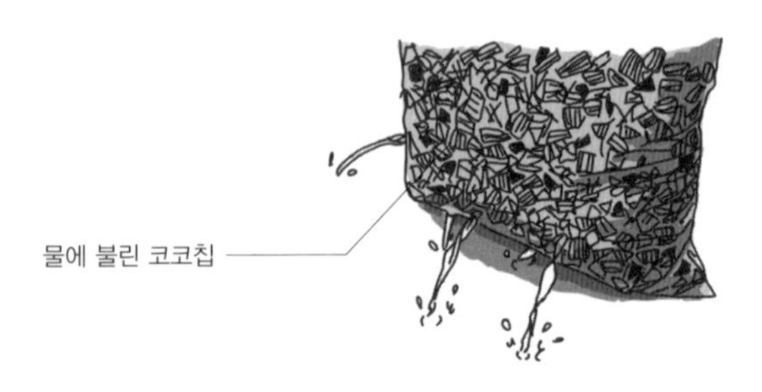

❶ 압축코코칩 물에 불리기 M(6~8mm) 사이즈를 사용하는 것이 흙 속의 공극을 늘릴 수 있어 좋습니다. 압축코코칩을 지퍼백에 넣고 물을 부어 줍니다. 10분 뒤 지퍼백 아래에 구멍을 뚫어 물을 빼면 촉촉한 코코칩이 됩니다. 물에 불린 코코칩을 전체의 10% 가량 추가해줍니다.

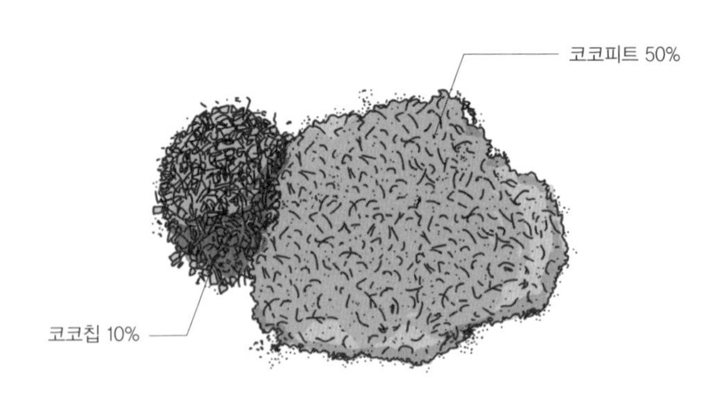

❷ 코코피트 준비 압축코코피트에 물을 부으면 부풀어오르면서 보슬보슬해집니다. 보슬보슬해진 코코피트를 전체의 50% 정도 넣어줍니다.

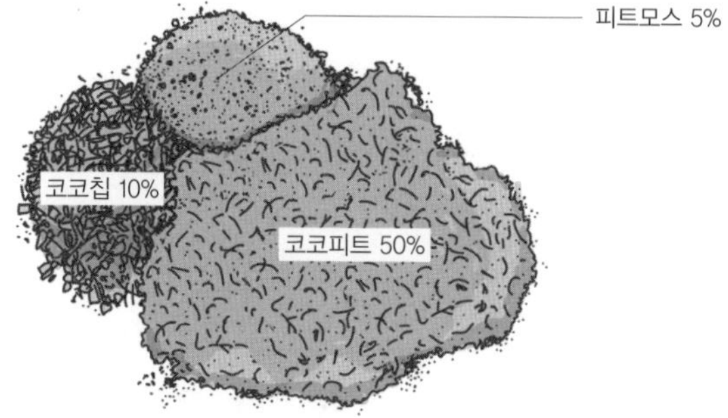

❸ **피트모스 5%** 코코피트는 배수가 좋지만 보수성이 낮습니다. 이를 보완하기 위해 5% 정도 넣습니다. 물을 좋아하는 식물에게는 피트모스 배합비를 더 높여주세요. 그러면 성장기에 물시중 수고를 덜하게 됩니다.

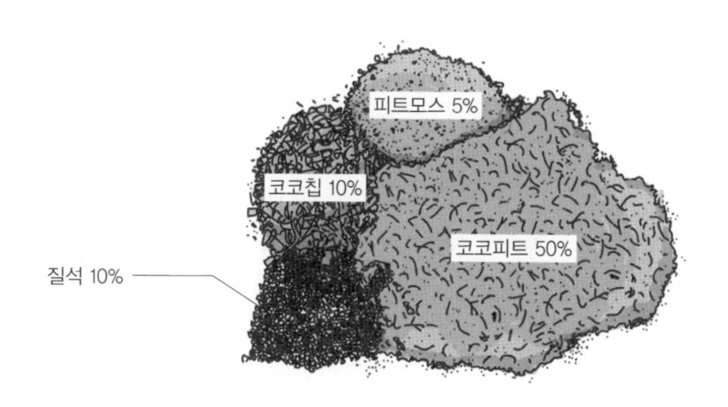

❹ **질석 10%** 질석은 보수성이 좋습니다. 코코피트와 코코칩, 나중에 섞을 펄라이트와 산야초 모두 배수성이 좋기 때문에 피트모스와 질석을 전체 15% 이상 섞어야 밸런스를 맞출 수 있습니다.

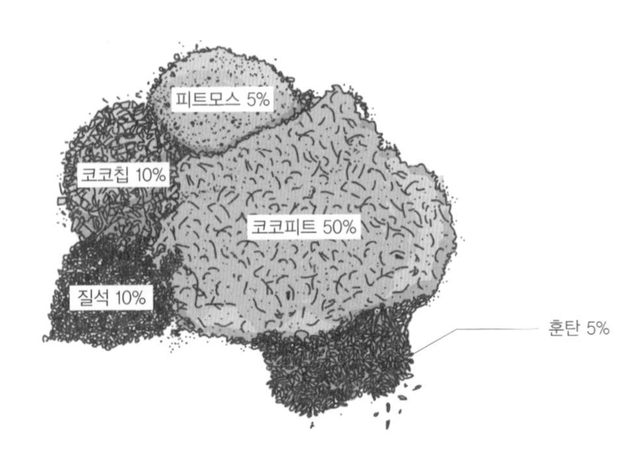

❺ 훈탄 5% 훈탄은 왕겨를 300~450도 사이의 불로 태워 숯으로 만든 재료로, 알칼리성이면서 유해가스나 세균 흡착, 수분 조절력이 좋습니다.

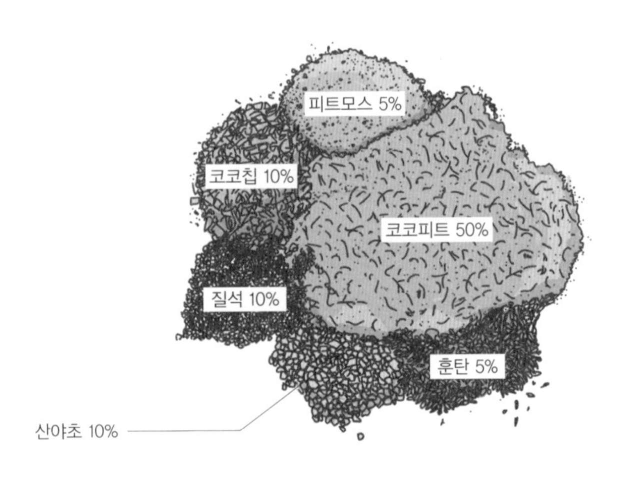

❻ 산야초 10% 산야초는 녹소토, 동생사 등 배수 좋은 화산석을 주재료로 배합한 용토입니다. 산야초를 넣으면 배수와 뿌리 발달이 좋아집니다.

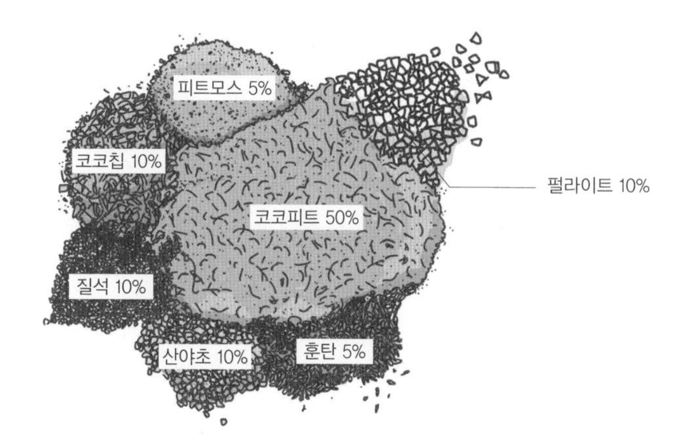

❼ **펄라이트 10%** 펄라이트는 보수성은 떨어지지만, 배수성이 좋은 재료입니다. 펄라이트를 추가하면 뿌리 과습을 예방하는 데 큰 도움이 됩니다. 가급적 대립 펄라이트를 사용하는 것이 좋습니다.

focus 작업 시 주의할 점

1. 사용 전에 모든 재료를 확인하고, 곰팡이, 병충해, 불순물이 없는 깨끗한 재료를 사용하세요.
2. 배합 시 흙 먼지가 발생할 수 있으므로 환기가 잘되는 공간에서 작업하세요. 마스크를 착용하면 호흡기를 보호할 수 있습니다.
3. 배합 후 남은 상토는 지퍼백에 소분하여 보관해 습기와 오염을 방지하세요.
4. 질석 가루는 뿌리 건강에 좋지 않으므로 대립을 구입합니다. 다만, 건조한 흙을 좋아하는 아이비 같은 식물은 질석의 비중을 줄이고, 펄라이트나 산야초 등의 비율을 늘립니다.

상토
잘 보관하는 법

☑ 지퍼백, 꼭꼬핀, 모종삽, 신문지, 종이박스

원래 상토를 담은 비닐 포장은 아주 미세한 구멍이 수없이 나 있기 때문에 통풍도 적당히 되고, 또 많은 양의 상토가 같이 있어 물마름도 덜합니다.
하지만 보관할 때 장소를 많이 차지하고 쓸 때마다 큰 상토의 비닐 봉투를 열어야 하는 점과 온도가 높아지거나 습도가 높은 곳에 보관할 때 변질의 위험이 있습니다.
무엇보다 상토는 가급적 빠르게 소진하고 새로 사서 쓰는 것이 좋습니다. 이번 장에서는 상토를 소분하여 오래 쓸 수 있는 보관 방법을 알려드립니다.

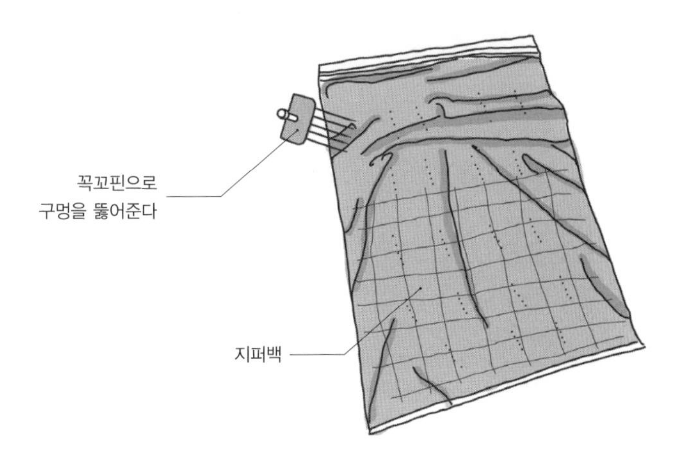

❶ 상토를 담기 전에 꼭꼬핀으로 지퍼백에 구멍을 뚫어줍니다. 밀봉을 하면 여름에 버섯이나 곰팡이가 대량으로 발생하여 상토를 못 쓸 수 있기 때문입니다.

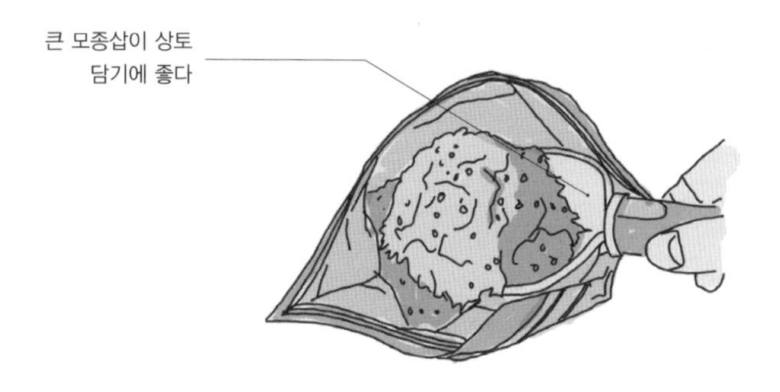

❷ 상토를 잘 섞은 후 지퍼백에 담습니다. 모종삽은 큰 것이 좋습니다.

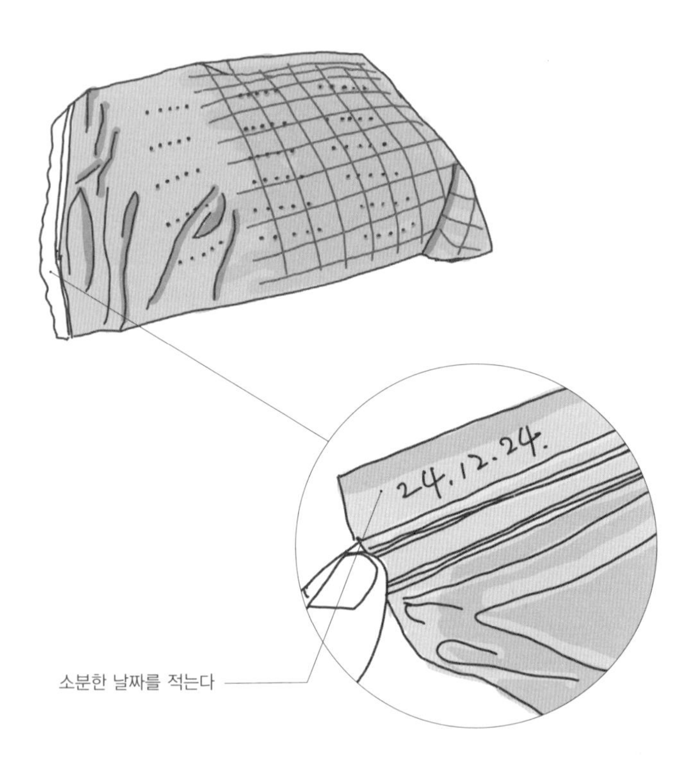

❸ 소분한 날짜는 꼭 적어주세요. 한 번에 다 쓸 경우에는 소분할 필요가 없지만, 몇 달 사용한다면 적어두는 것이 좋습니다. 또는 예전에 쓰던 상토와 혼합될 수 있기 때문입니다.

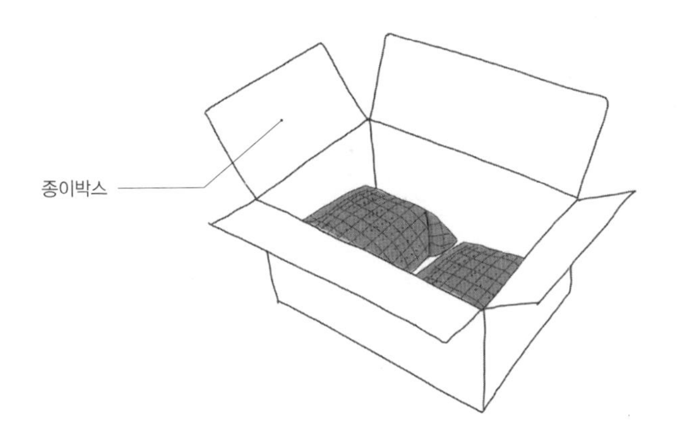

❹ 보관 시에는 종이박스를 활용합니다. 종이박스 밑에 신문지를 3장 이상 깝니다. 그 위에 상토가 담긴 지퍼백을 한 단으로 깝니다.

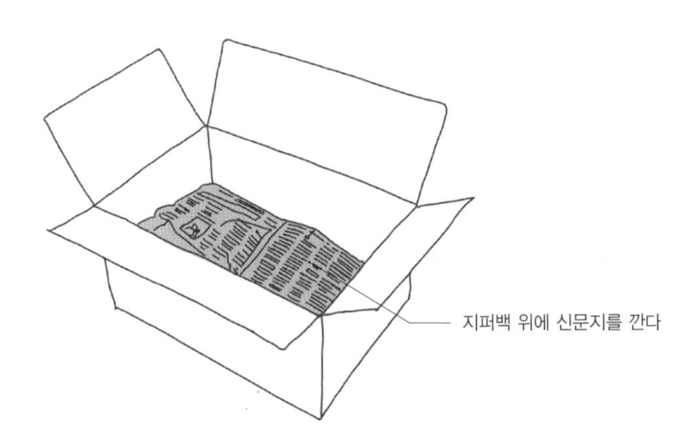

❺ 그 위에 신문지를 다시 4장 이쌍 깝니다. 그 위에 또 상토를 한 단 올린 후, 마지막으로 신문지 1장을 올립니다.

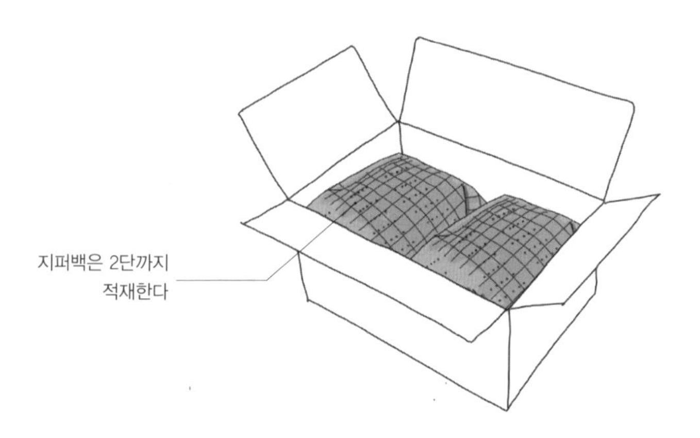

❻ 2단까지만 쌓아 시원한 장소에 보관합니다. 너무 많이 쌓으면 통풍이 안 되어, 곰팡이나 버섯이 생기거나 흙의 공극이 줄어들 수 있습니다.

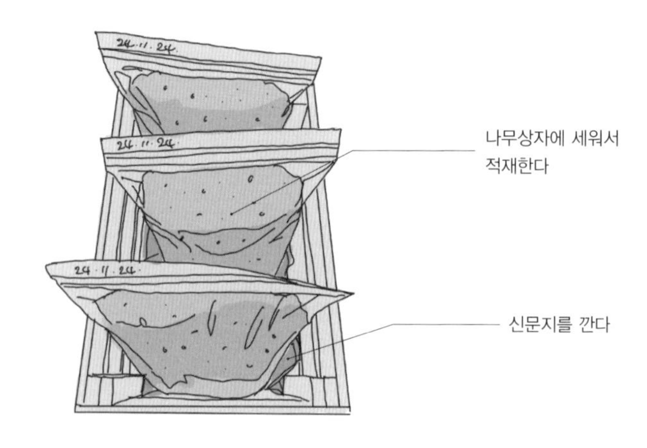

tip 나무박스에 신문지를 두껍게 깐 뒤, 지퍼팩을 세워서 보관하는 것도 좋은 방법입니다. 다만 상토가 빛에 노출되지 않도록 신문지 등으로 덮어주세요.

계란껍질로 칼슘비료 만드는 법

☑ 계란껍질, 믹서기, 밀폐용기

계란껍질은 식물에게 칼슘을 제공해주어, 화분에 올려두거나 흙에 섞으면 좋습니다. 하지만 흰자나 알껍질이 붙어 있는 경우, 벌레가 생기거나 냄새가 나기 때문에 난각비료로 만들면 좋습니다. 난각비료의 특징은 칼슘을 공급해주고, 알칼리성인 석회질이 같이 있어 산성화된 토양을 중성이나 약산성으로 바꿔줍니다. 따라서 제라늄이나 허브, 올리브나무와 같이 알칼리성을 좋아하는 식물을 분갈이할 때 섞어주면 좋습니다.

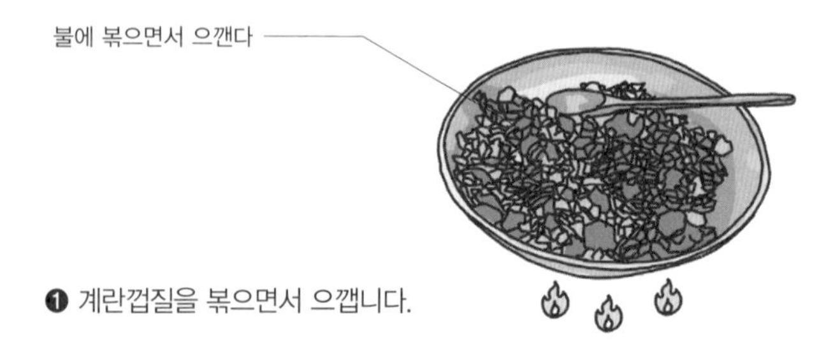

❶ 계란껍질을 볶으면서 으깹니다.

tip 계란껍질을 그대로 두면 부패하거나 곰팡이가 생기므로 볶는 과정에서 껍질막을 태우고, 소독하게 됩니다. 또한 계란껍질에 남은 수분을 없애 분쇄가 더 잘됩니다. 타는 연기와 냄새가 있을 수 있으니 통풍을 충분히 하거나 렌지후드를 가동하세요. 팬은 버리기 전의 상처가 많은 팬을 사용하세요. 새것을 사용하면 팬에 스크래치가 발생할 수 있습니다.

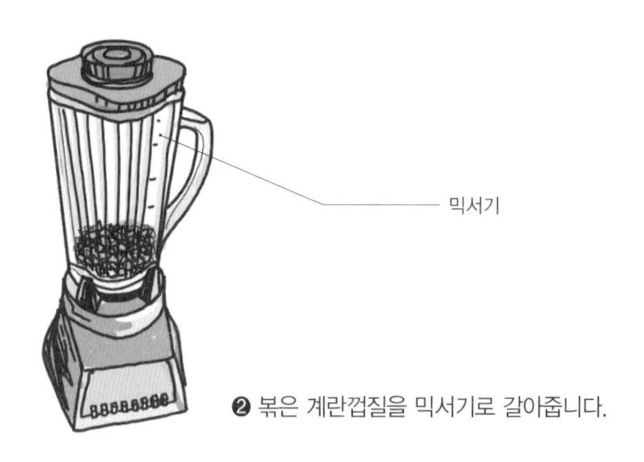

❷ 볶은 계란껍질을 믹서기로 갈아줍니다.

tip 껍질을 갈면 표면적이 넓어져 칼슘이 잘 빠져나옵니다. 따라서 흙 위에 뿌리기보다 분갈이 시 흙에 섞어주는 것이 좋습니다.

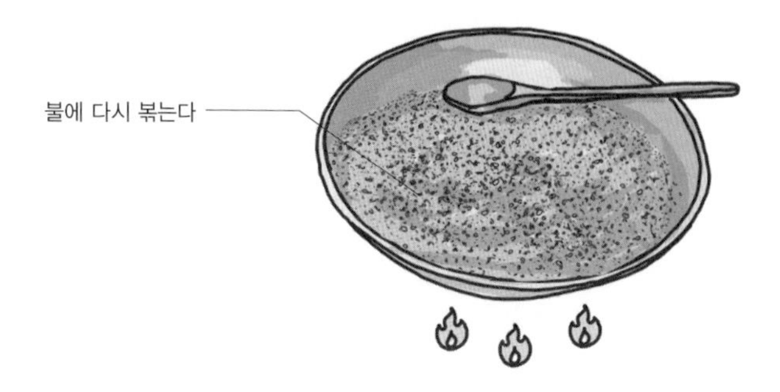

❸ 갈아준 계란껍질을 다시 볶습니다. 껍질 사이에 남아 있는 난각막 등 불순물이 분쇄 과정에서 나오기 때문에 이를 태우기 위함입니다.

❹ 플라스틱 밀폐용기에 넣어 보관합니다.

tip 난각비료를 만드는 다른 방법으로는 계란껍질과 물을 충분히 넣고 믹서기에 돌린 후 물과 함께 난각막 등의 불순물을 걸러내고 볶아서 사용 가능합니다. 한 번만 볶는 장점이 있으나 불순물 걸러내는 과정이 필요하여 두 방법 중 선호하는 방법을 사용하면 됩니다.

신문지로
식물 포장하는 법

☑ 비닐백, 냅킨 또는 휴지, 신문지, 스카치테이프, 박스테이프

식물을 택배로 보낼 때는 충격이나 이동 중 손상을 방지하기 위해 적절한 포장이 필수입니다. 이때 신문지를 활용하면 간단하면서도 안전하게 식물을 보호할 수 있습니다. 신문지는 구하기 쉽고 유연한 재질로, 식물의 줄기와 잎을 감싸 보호하는 데 효과적입니다. 또한 흙이 떨어지는 것을 방지하고, 물기가 살짝 남아 있는 경우에도 신문지가 흡수해 깔끔하게 유지됩니다. 이 장에서는 신문지를 활용한 식물 포장 방법과 추가적인 안전 팁을 알려드립니다.

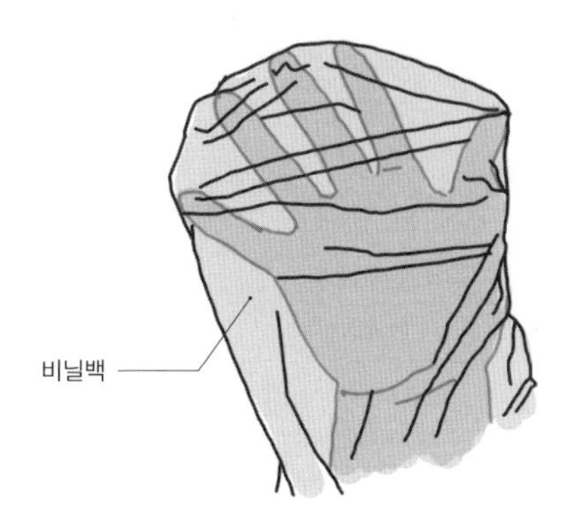

❶ 작은 비닐백에 손을 넣습니다.

❷ 그 상태에서 화분을 올려놓고 비닐백으로 감싸줍니다.

❸ 다른 한 손으로 식물을 감싸고 비닐백을 둘둘 말아 안으로 넣습니다.

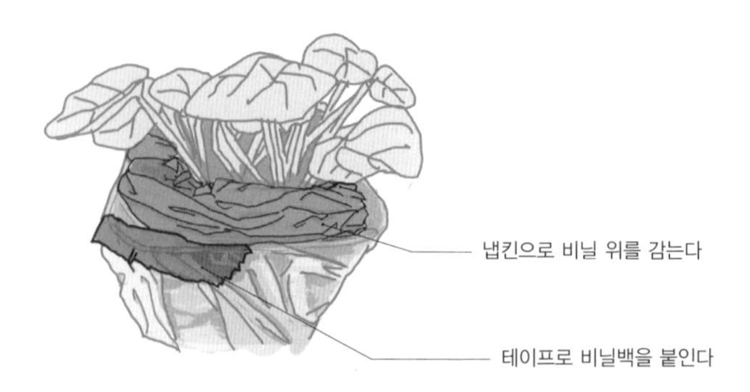

❹ 마감한 부분은 테이프로 붙인 뒤, 냅킨으로 화분 흙 위에 말아넣은 비닐 위를 감습니다. 두 번 이상 감아 흙이 흘러나오지 않게 합니다.

tip 화장지보다 냅킨이 좋습니다. 물에 젖더라도 쉽게 찢어지지 않기 때문입니다. 화장지나 냅킨은 충분히 써서 흙을 눌러주어야 합니다. 만약 화분에 물기가 많은 경우라면 만약을 대비해서 냅킨을 올려주고 물로 적셔서 완전히 빈 공간을 채우는 것이 안전합니다.

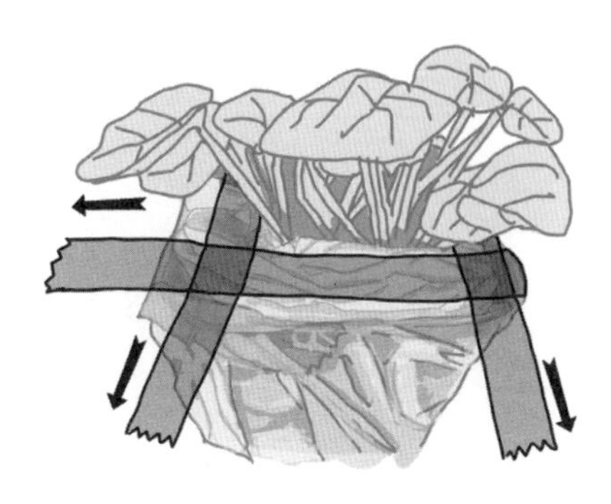

❺ 접착테이프를 화분 4방향으로 테이핑합다. 우물 정(井) 모양으로 테이핑을 해서 흙이 흘러나오지 않게 합니다.

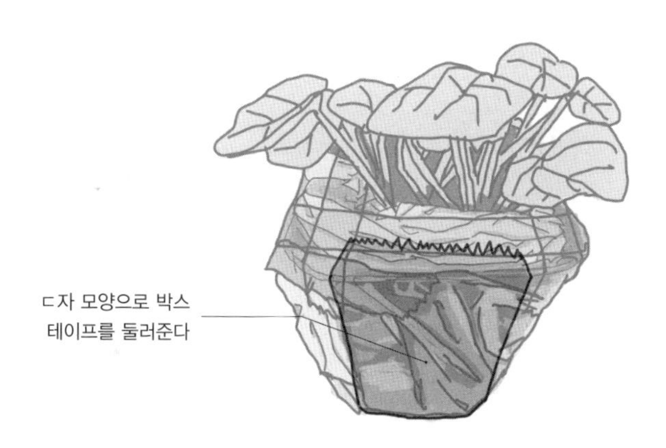

❻ 그 위로 박스테이프를 ㄷ자 모양으로 한 번 둘러줍니다. 이렇게 해주어야 나중에 화분과 신문지를 붙였을 때 덜 흔들립니다.

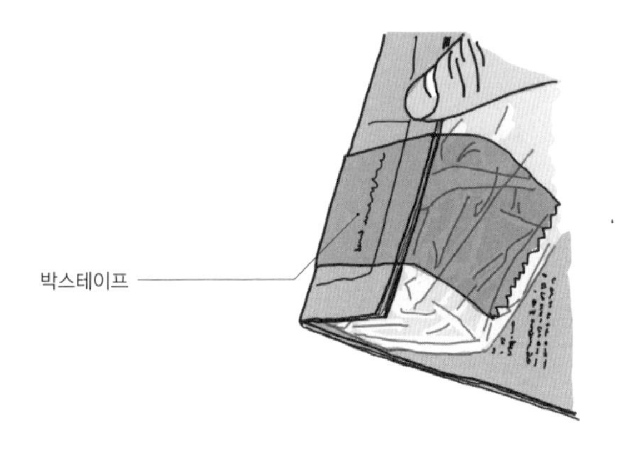

❼ 신문지 위에 화분을 올리고 화분을 박스테이프로 부착합니다.

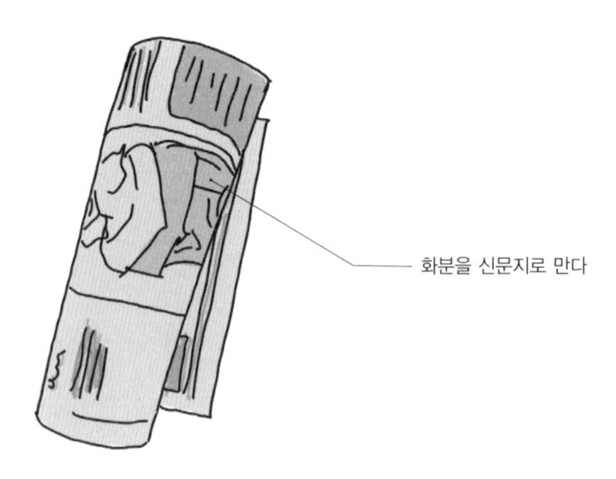

❽ 신문지를 둘둘 말아준 뒤, 테이프로 접착을 합니다.

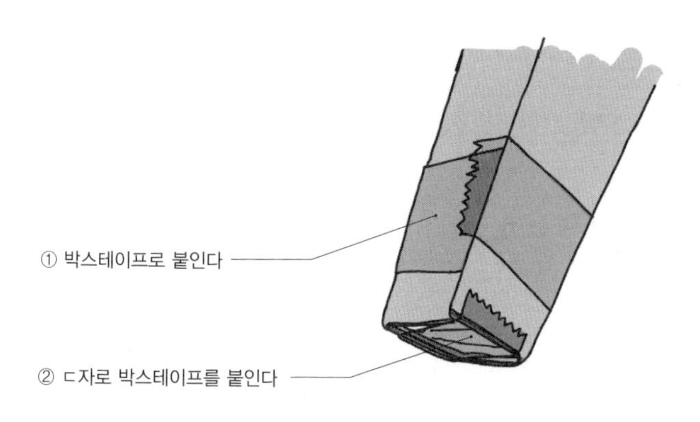

❾ 아랫부분에 ㄷ자로 박스테이프를 붙여 화분이 위로 올라가는 것을 막아줍니다.

❿ 윗 부분도 테이핑해주면 신문지에 힘이 생겨 잘 구겨지지 않습니다.

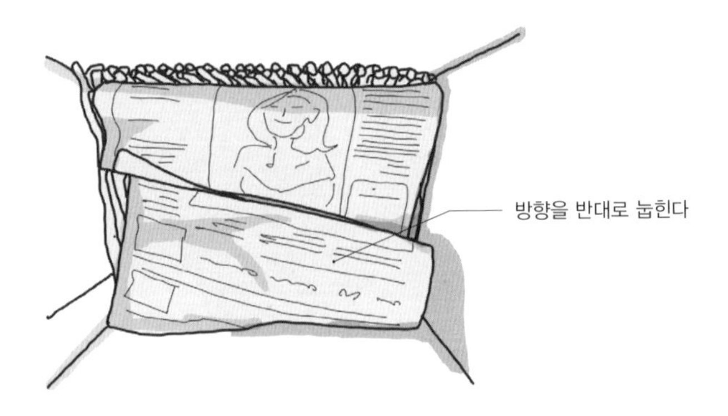

⓫ 박스에 완충제를 깔고 포장된 식물을 올려줍니다. 2개 이상이면 서로 방향을 엇갈리게 하여 눕히면 좋습니다.

tip 신문지는 여러 겹을 사용해야 단단하게 잘 지탱이 됩니다. 일간지는 조금 얇은 경향이 있으니 참고하세요.

focus 작업 시 주의할 점

1. 신문지를 감쌀 때 식물의 줄기와 잎을 너무 꽉 누르지 않도록 주의하세요. 과도한 압박은 식물을 손상시킬 수 있습니다.
2. 박스 안에 빈 공간이 남지 않도록 신문지나 완충재로 채워 이동 중 흔들림을 방지하세요.
3. 동절기의 경우 식물이 얼어버릴 수 있기 때문에 일반 골판지박스 대신 스티로폼 박스를 사용하면 됩니다.

뿌리파리
퇴치하는 법

☑ 끈끈이, 빅카드, 코니도, 과산화수소, 물, 주사기

날이 더워지면 집집마다 뿌리파리로 고통을 받습니다. 작은 뿌리파리 성충의 크기는 1.1~2.4mm이며 머리는 흑갈색이고 몸은 대체로 검은색을 띱니다. 뿌리파리 성체는 사실 다른 해충과 달리 문제를 일으키지 않습니다. 다만 애벌레가 식물의 뿌리나 구근을 갉아먹기 때문에 결국 식물을 컨디션을 나빠지게하거나 죽게 합니다. 뿌리파리는 번식력이 매우 뛰어나므로 빨리 제거해주지 않으면 다른 화분으로 빠르게 번져나갑니다. 다음의 단계를 차례차례 따라하며 박멸해보세요.

1. 성충의 구제

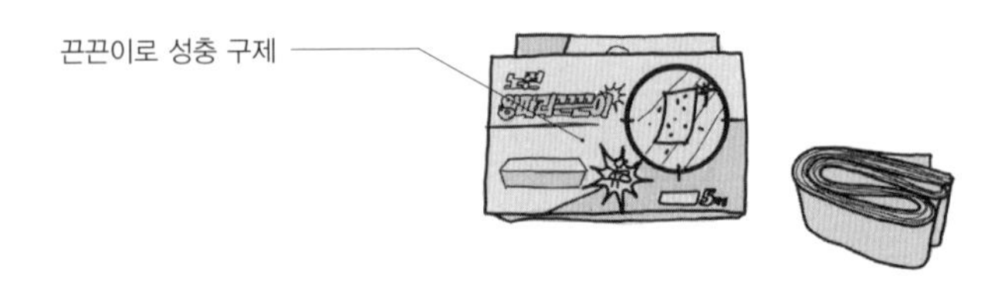

❶ 성충의 암컷은 흙에 알을 낳기 때문에 더 이상 확산되는 것을 막기 위해서는 성충을 반드시 구제해야 합니다. 구제는 끈끈이를 활용합니다.

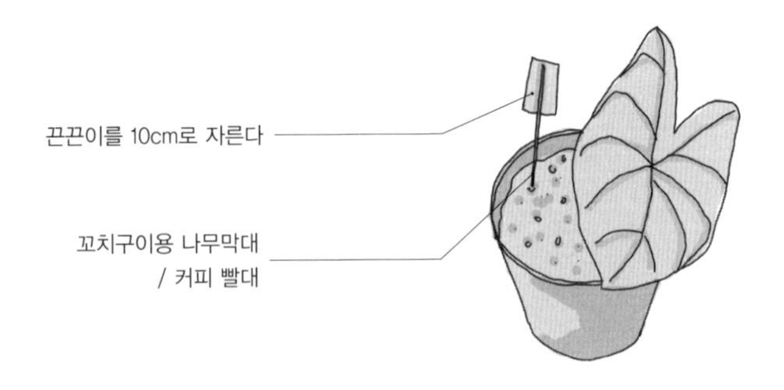

❷ 끈끈이를 10cm 정도로 잘라 커피 빨대나 나무막대 등에 붙인 다음 화분 곳곳에 꽂아주세요.

tip 끈끈이를 사서 직접 만들어 쓰는 것이 가장 저렴하게 방제하는 방법이지만, 최근에는 바로 화분에 꽂을 수 있게 나온 제품도 많습니다. 만들기 자신이 없거나 번거롭다면 기성품을 사용하는 것도 좋습니다.

2. 애벌레의 구제

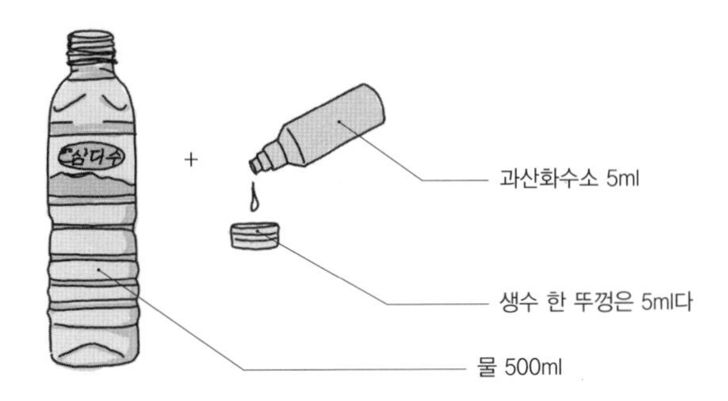

❸ 과산화수소와 물을 1:100 비율로 섞은 후, 화분에 관수합니다.

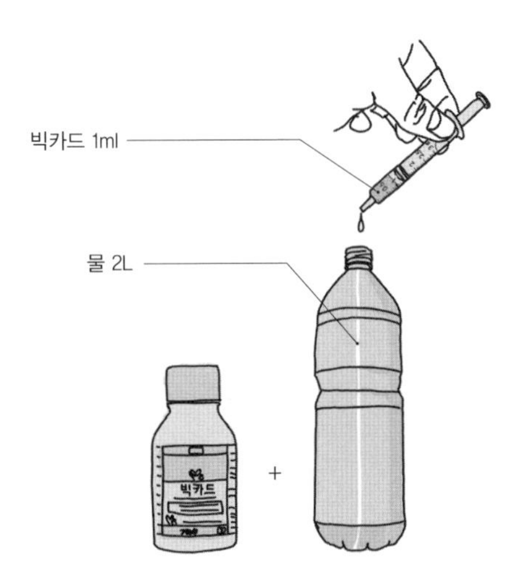

❹ 다음 물을 주는 시기에 빅카드 희석액(빅카드:물=1:2000)으로 관수합니다. 화분이 많지 않으면 저면으로 관수하고, 화분 수가 많다면 희석액을 물 주듯 관수해주세요. 주사기로 계량하면 편합니다.

❺ 코니도 입제를 작은 스푼으로 반 스푼 정도 떠서 화분에 골고루 뿌려 줍니다.

tip 코니도 입제는 물에 서서히 녹아 뿌리를 통해 식물에 흡수되며, 희석된 물에 접촉하거나 뿌리를 먹은 애벌레가 죽게 됩니다. 6개월 정도 효과가 지속됩니다. 코니도 입제는 농약상에서만 구입이 가능합니다.

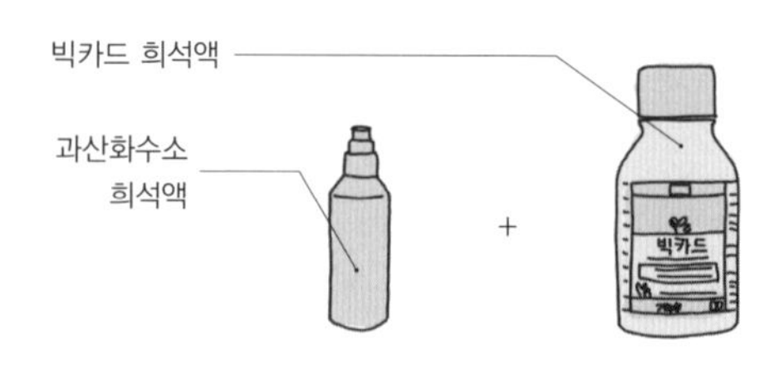

❻ 과산화수소 희석액과 빅카드 희석액을 2번 정도 더 관수합니다. 알에서 깨어나는 애벌레가 있을 수 있고, 성충이 날아다니면서 새로운 알을 낳을 수 있기 때문입니다.

모의 방제 일지

일차	방제 내용
1일차	파리 끈끈이 작업 1차 과산화수소 희석액 관수 코니도 입제 화분 위에 올리기
4일차	1차 빅카드 희석액 관수
8일차	2차 과산화수소 희석액 관수
11일차	2차 빅카드 희석액 관수
15일차	3차 과산화수소 희석액 관수
18일차	3차 빅카드 희석액 관수

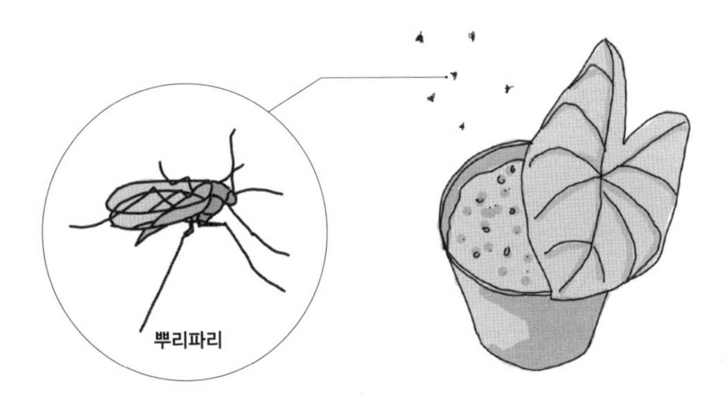

tip 뿌리파리는 주로 과습한 흙에서 번식합니다. 성충은 무해하지만, 유충이 뿌리를 갉아 식물 성장에 해를 끼칠 수 있습니다. 뿌리파리를 미리 예방하기 위해서는 식물에 비해 화분을 크게 쓰지 말아야 하고, 사용하는 흙이 공극이 많은 배수가 잘되는 흙이어야 합니다. 통풍이 잘되게 해주면 더 좋습니다.

사용한 수태 재활용 방법

☑ 사용한 수태, 락스, 고무장갑

수태는 활용도가 높은 가드닝 소재입니다. 수태꽂이나 베고니아 흙 배합의 재료로도 사용이 되고, 멀칭재나 취목 등에도 다양하게 사용됩니다. 좋은 수태는 가격이 저렴하지 않다보니 수태를 재활용하는 식물집사도 많습니다.
하지만 수태를 잘못 재활용하면 수태꽂이나 잎꽂이가 잘 안되고 잎이 쉽게 무르기도 합니다. 한 번 사용했던 수태를 어떻게 재활용할 수 있는지 알아보겠습니다.

1. 삶아서 사용하기

수태를 삶는 과정에서 멸균할 수 있고 다시 건조할 때 햇볕에 말리면 2차 소독이 됩니다. 다만, 이 방법은 이끼 낀 수태의 경우 삶을 때 비린내가 나는 단점이 있습니다.

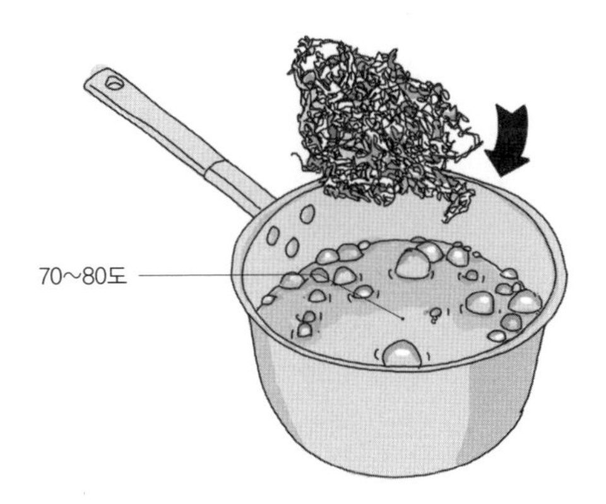

❶ 수태의 이물질을 제거합니다. 끓는 물에 5~10분 삶습니다.

❷ 삶은 수태를 식혀서 물기를 제거한 후 햇볕에 바짝 말립니다. 바람에 날라가는 것을 방지하기 위해 양파망을 활용하면 좋습니다. 양파망에 수태를 넣고 끈을 조인 다음 끈을 날라가지 않게 기둥 등에 묶어주거나 무거운 돌로 괴면 됩니다.

2. 락스로 사용하기

멸균뿐 아니라 색도 예전처럼 어느 정도 돌아오고 삶는 과정에서 발생하는 비린내가 덜합니다. 다만, 몇 번씩 물로 행궈 락스를 확실하게 제거해야 하므로 귀찮기도 하고 잔존 락스의 위험이 있다는 단점이 있습니다.

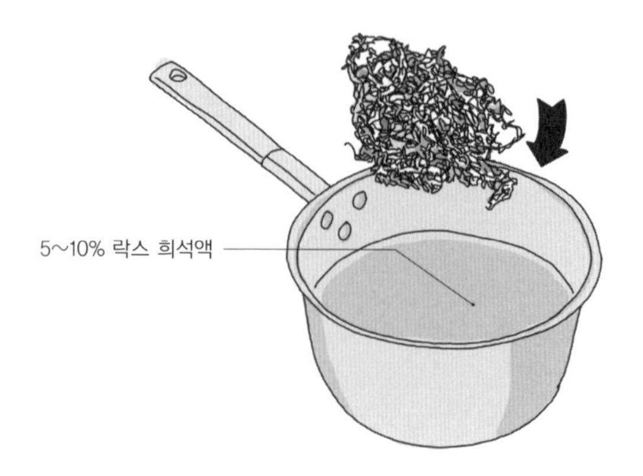

❶ 수태에서 이물질을 제거하고 5~10% 락스 희석액에 담급니다. 1~2시간 정도 담구면 이끼도 날라가고 소독도 잘됩니다.

❷ 이후에 물로 여러 번 세척하여 락스를 제거해줍니다.

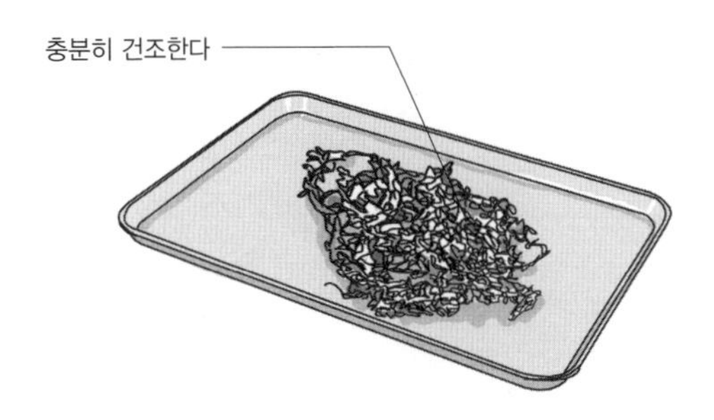

❸ 햇볕에 바짝 말립니다. 바람에 날라가는 것을 방지하기 위해 양파망을 활용하면 좋습니다. 양파망에 수태를 넣고 끈을 조인 다음 끈을 날라가지 않게 기둥 등에 묶어주거나 무거운 돌로 괴면 됩니다.

focus 작업 시 주의할 점

1. 수태는 반복 재사용 시 섬유질이 약해져 물을 저장하는 기능이 떨어질 수 있으므로, 상태가 많이 나빠진 수태는 새것으로 교체하는 것이 좋습니다.
2. 수수태를 완전히 소독하고 충분히 건조시켜야 곰팡이와 세균이 번식하지 않습니다. 완전히 말리지 않은 수태는 다시 사용 시 문제가 생길 수 있습니다.
3. 락스나 삶기 작업은 환기가 잘되는 곳에서 진행하고, 작업 후에는 도구를 깨끗이 세척하세요. 특히 락스가 튀면 옷이 탈색될 수 있으니 흰 옷이나 버려도 되는 옷을 입고 작업하기 바랍니다.

실내 식물 예쁘고
크게 키우는 법

코아로프 지지봉 만드는 법

☑ 코아로프 10mm, 쥬트로프(황마) 3mm, 지지대, 케이블타이

코아로프는 얇은 지지대를 만들 때 매우 유용한 재료로, 뒤에 소개할 코아테이프보다 제작 과정이 간단하다는 장점이 있습니다. 코아로프 지지봉은 다양한 길이로 손쉽게 만들 수 있어 실용적입니다. 특히 얇은 지지봉이 필요한 식물이나 공간에 제약이 있는 곳에서 활용하기 좋습니다.
또한 코아로프 지지봉은 조직이 치밀하고 단단해서 뿌리가 깊이 파고드는 식물보다는 줄기나 잎이 지지봉에 붙어 자라는 식물에게 더욱 적합합니다. 덩굴식물이나 공기 중에서 뿌리를 내리는 식물들이 안정적으로 자랄 수 있습니다.

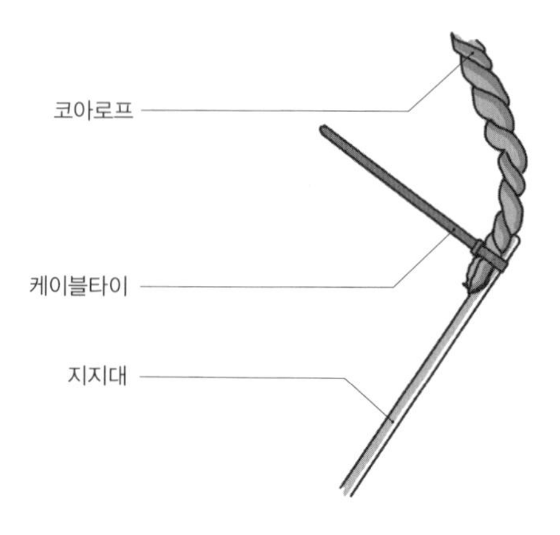

❶ 지지대에 코아로프를 맞댄 후, 그 끝을 케이블타이로 단단하게 묶어 주고 남은 부분은 잘라냅니다.

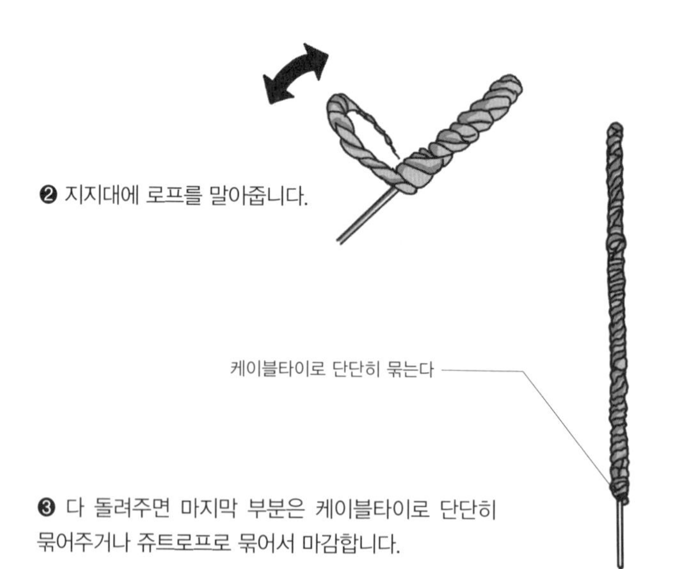

❷ 지지대에 로프를 말아줍니다.

❸ 다 돌려주면 마지막 부분은 케이블타이로 단단히 묶어주거나 쥬트로프로 묶어서 마감합니다.

코아테이프 지지봉 만드는 법

☑ 코아테이프, 스테인레스봉(빨래건조대 활용), 식물 지지대(60cm 또는 110cm), 쥬트로프(황마) 3mm/6mm

코아(coir)테이프를 이용한 지지봉은 수태봉에 비해 간단한 재료로 쉽게 만들 수 있어 가드닝 초보자들에게 적합한 지지대입니다. 코아테이프는 특히 뿌리가 파고드는 성질을 가진 덩굴식물이나 공기뿌리를 가진 식물을 키우는 데 좋습니다.

코코넛 섬유는 통기성과 배수성이 좋아 식물의 뿌리가 건강하게 자라도록 도와줍니다. 쥬트로프(황마)로 코아테이프를 고정하면 깔끔하게 마감할 수 있으며, 뿌리가 섬유 안으로 파고들어 더욱 안정적으로 식물을 지지할 수 있습니다.

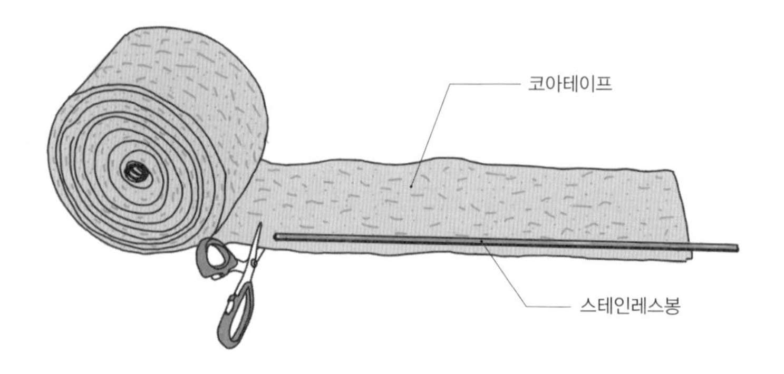

❶ 지지대의 길이를 감안하여 코아테이프를 잘라줍니다.

tip 코아테이프는 코코넛 섬유로 만든 친환경 소재입니다. 코코넛 섬유를 압축하여, 표면에 라텍스(천연 고무) 처리가 되어 있습니다. 통기성이 좋고, 보온, 보습, 그리고 완충 기능이 있어 농업과 환경보호용으로 많이 쓰이며, 코코넛봉의 소재로도 인기를 얻고 있습니다. 폭 10, 15, 20cm에 롤 단위로 구입할 수 있습니다.

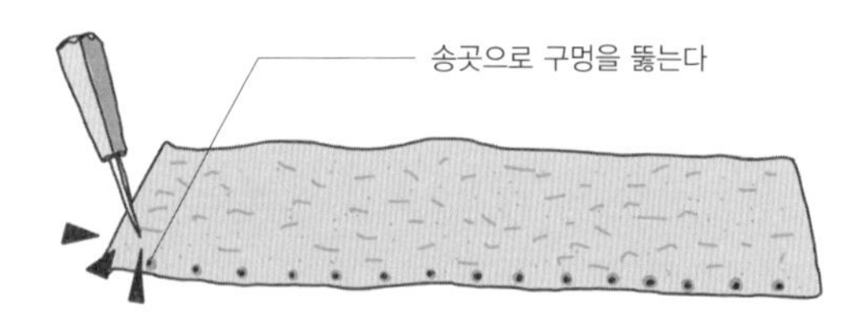

❷ 잘라준 코아테이프에 송곳이나 가위로 일정 간격의 구멍을 뚫습니다.

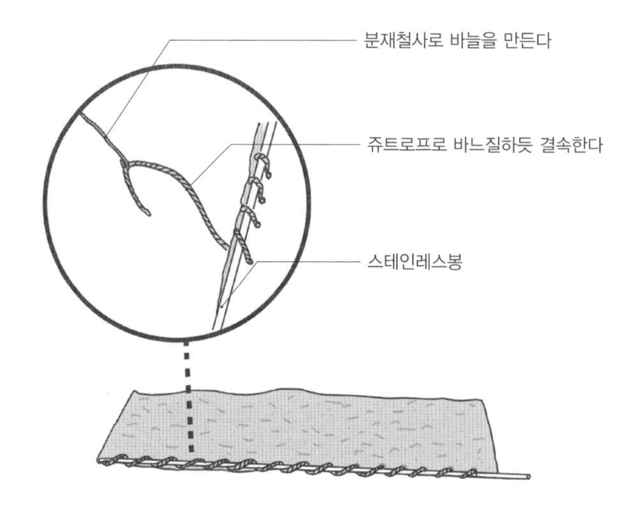

❸ 적당한 굵기의 분재철사를 바늘로 만든 후, 쥬트로프로 구멍에 끈을 통과시켜 바느질하듯 지지대와 코아테이프를 결속합니다.

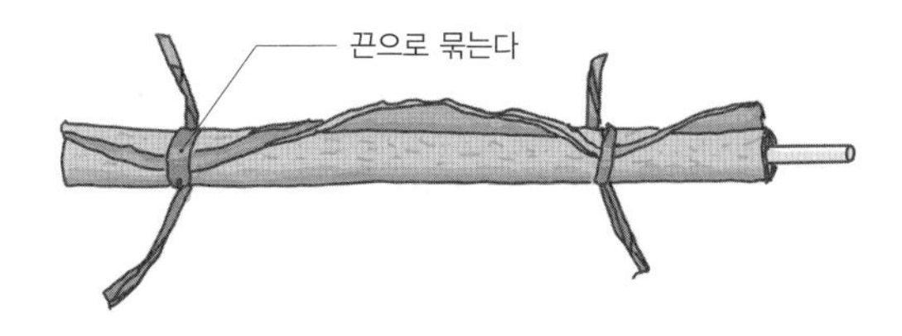

❹ 코아테이프를 맙니다. 적당한 힘으로 말아 집에 있는 끈으로 일차로 묶어주세요. 무거운 책 등으로 하루 이상 눌러놨다가 마무리해도 됩니다.

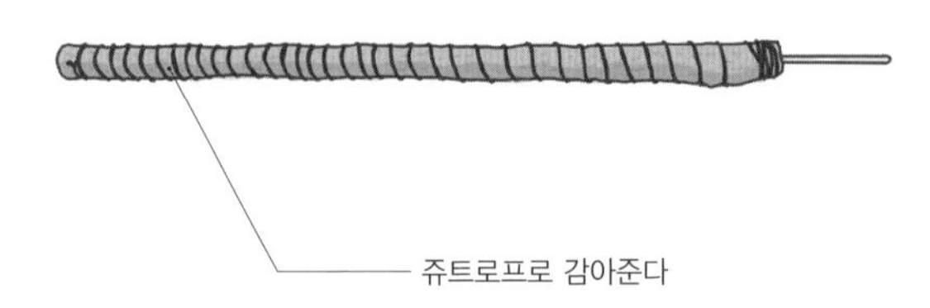

❺ 쥬트로프로 감아주세요. 말면서 1차로 묶인 끈을 만나면 풀어주세요.

tip 쥬트로트는 인장강도가 새끼줄의 5배에 달해 결속끈으로 사용하기 좋습니다. 시중에 3, 4, 5, 6, 8mm 단위로 판매합니다. 코코넛봉에는 3mm 또는 6mm가 적당합니다.

focus 작업 시 주의할 점

1. 작업 시 공간이 지저분해질 수 있으니 바닥에 신문지 등을 깔고난 후 작업 공간을 정리하고 충분한 작업 공간을 확보하세요.
2. 코코넛 섬유에서 먼지가 발생할 수 있으니 환기가 잘되는 곳에서 작업하거나 마스크를 착용하세요.
3. 코코넛 섬유와 코아테이프를 자를 때 날카로운 도구를 사용하므로 손이 베이지 않도록 조심하세요.

빨대 지지대 만드는 법

☑ 굵은 빨대, 철제 지지봉, 가위

빨대는 가볍고 적당한 강도를 가지고 있어, 줄기가 얇거나 철제 지지대를 사용하기 어려운 식물의 지지대로 좋습니다. 줄기 중간에 새순이 지속적으로 나오거나 줄기 굵기가 빨대 직경보다 작은 경우 특히 유용합니다.
빨대 지지대를 사용하면 식물의 성장 방향을 쉽게 조절할 수 있습니다. 플라스틱이나 종이 빨대 중에서 환경과 식물 특성에 맞는 것을 선택하면 좋으며, 비용 절감뿐 아니라 환경 친화적인 가드닝을 실천할 수 있습니다.

❶ 빨대로 지지해줄 줄기를 깨끗하게 정리합니다.

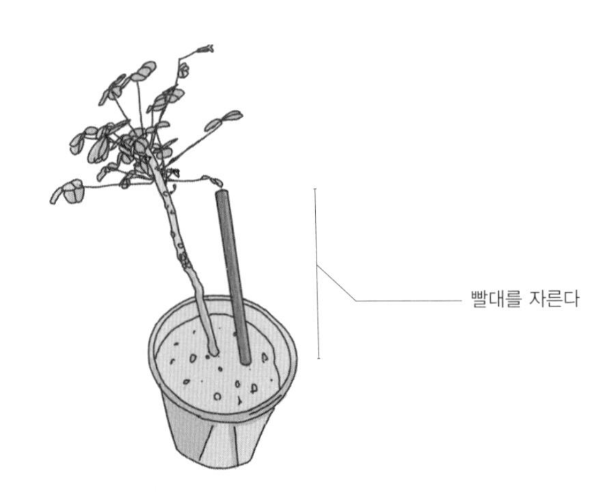

❷ 빨대를 줄기 길이에 맞게 잘라줍니다.

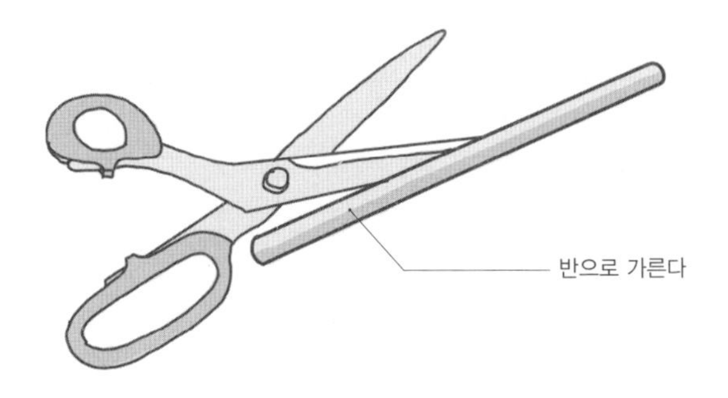

❸ 빨대를 반으로 갈라줍니다.

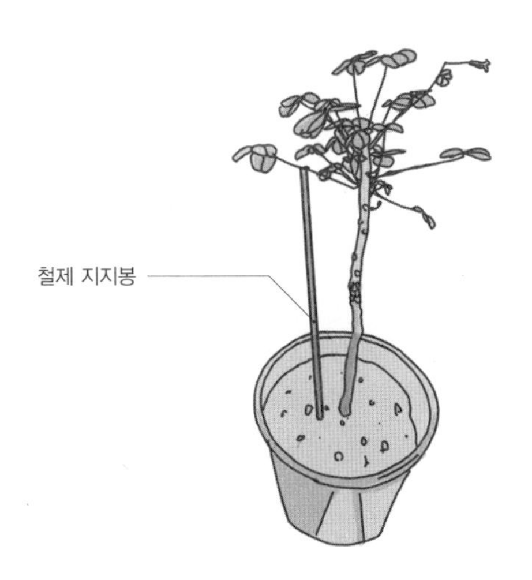

❹ 철제 지지봉을 먼저 줄기 옆에 꽂아줍니다.

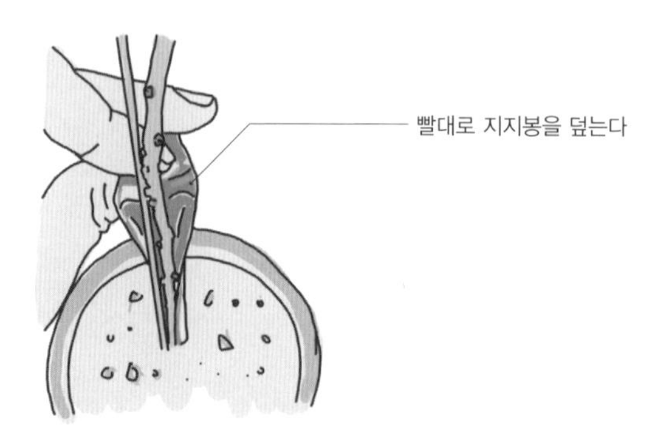

❺ 반으로 가른 빨대를 펼쳐 줄기와 철제 지지봉을 함께 덮어 끼웁니다.

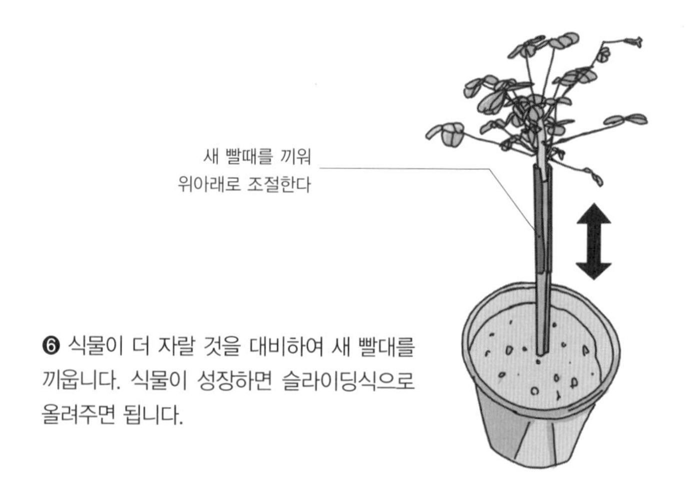

❻ 식물이 더 자랄 것을 대비하여 새 빨대를 끼웁니다. 식물이 성장하면 슬라이딩식으로 올려주면 됩니다.

tip 빨대를 끼울 때 사랑초 등 약한 줄기를 가진 식물의 경우 줄기가 꺽어질 수 있습니다. 빨리 끼우려하지 말고 조심스럽게 천천히 끼우세요.

분재철사 지지대 만드는 법

☑ 지름 4mm 분재철사, 펜치, 칼라끈, 피자 고정핀, 식물 집게

분재철사는 외목대 식물 지지대를 만드는 데 매우 유용합니다. 한 번 구매하면 원하는 길이로 잘라 사용할 수 있어 경제적이고 실용적입니다. 분재철사는 강도가 높고 유연성이 좋아 다양한 크기와 모양의 식물에 맞게 조정할 수 있으며, 외목대 식물을 안정적으로 지탱하는 데 적합합니다.

분재철사는 가볍고 관리가 쉬워 실내외 어디서든 사용 가능하며, 여러 번 재사용할 수 있어 환경 친화적입니다. 이번 장에서는 4mm 분재철사를 활용해 외목대 식물 지지대를 만드는 방법을 알려드리겠습니다.

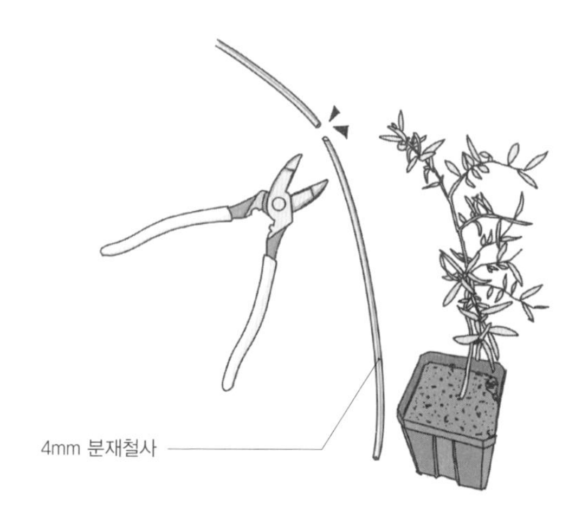

❶ 필요한 지지대의 길이를 잽니다. 길이를 잴 때는 화분의 깊이와 약간의 여유를 감안하세요. 펜치로 자른 후, 분재철사를 살살 펴주세요.

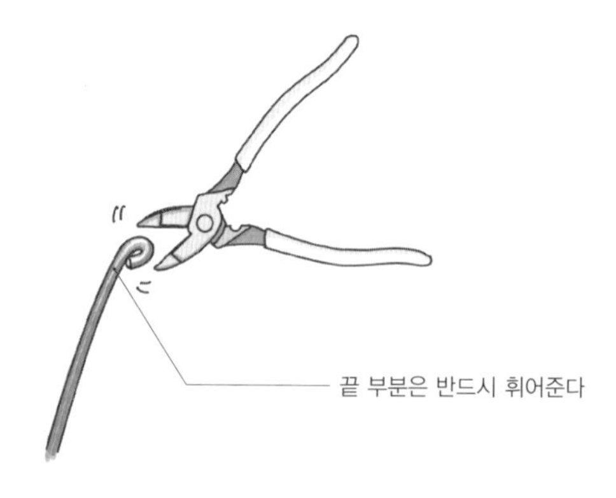

❷ 한쪽 끝을 펜치로 동글게 말아주세요. 이 부분이 맨 위로 가게 됩니다. 만약의 사고를 방지하기 위해 반드시 필요한 과정입니다. 그대로 쓰면 눈에 찔리거나 피부에 상처를 줄 수 있습니다.

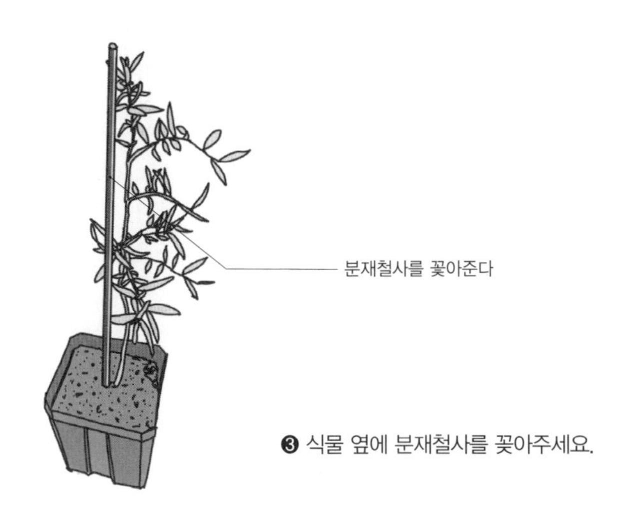

❸ 식물 옆에 분재철사를 꽂아주세요.

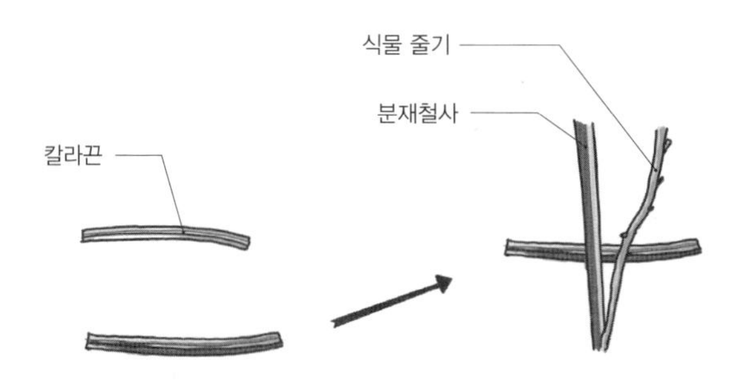

❹ 칼라끈을 필요한 정도의 길이로 잘라주어 철사가 튀어나온 바깥쪽과 덜 튀어나온 안쪽을 구분한 다음 안쪽을 안으로 향하게 해서 식물과 지지대를 고정시켜줍니다.

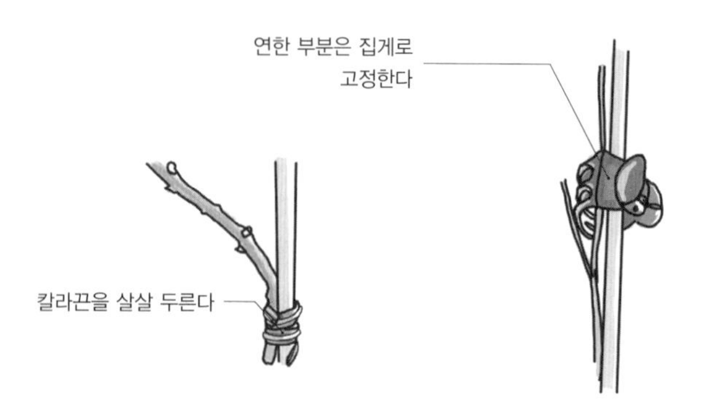

❺ 너무 조이면 조금만 식물이 자라도 흉터가 생기기 때문에 나무를 강하게 잡아주어야 하는 경우가 아니라면 살살 둘러주세요. 가지가 많고 연한 윗 부분은 집게로 고정해주어도 됩니다.

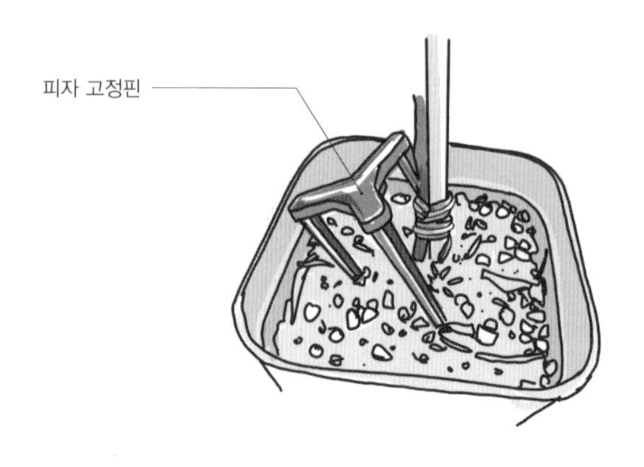

❻ 피자고정핀으로 잘 고정해주면 바람이 불더라도 잘 휘어지지 않기 때문에 수형 교정이 더 잘됩니다.

빨래건조대봉 지지대 만드는 법

☑ 글루건, 스테인리스 빨래건조대(재활용품), 다이소 식물 지지대

식물을 키울 때 꼭 필요한 도구 중 하나가 바로 지지대입니다. 특히 키가 큰 외목대 식물을 키우는 경우, 안정적으로 자랄 수 있도록 긴 지지대가 반드시 필요합니다.

빨래건조대에서 사용하는 스테인레스봉은 가볍고 튼튼하며, 길이도 충분해 지지대로 활용하기에 안성맞춤입니다. 여기에 다이소에서 판매하는 1,000원짜리 지지대를 연결하면 간단히 긴 지지대를 완성할 수 있습니다. 이렇게 하면 비용을 절약할 수 있을 뿐만 아니라, 필요에 따라 원하는 길이로 조정할 수도 있어 더욱 편리합니다.

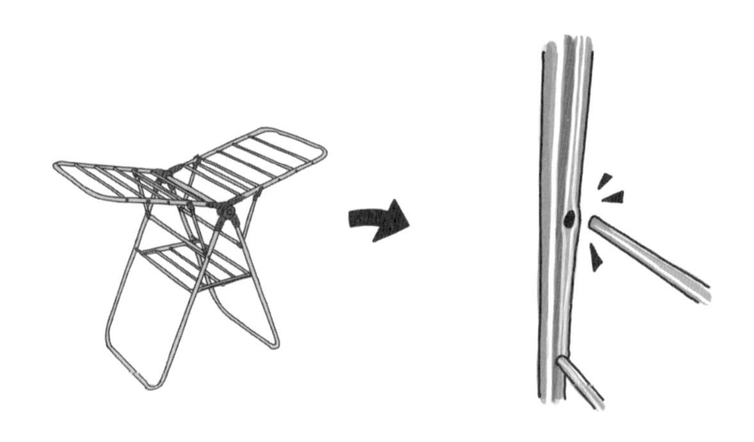

❶ 대부분의 걸이용 스테인레스 살은 접착이나 용접되어 있지 않습니다. 굵은 다리를 힘껏 벌려주면 스테인레스 살이 분리가 됩니다.

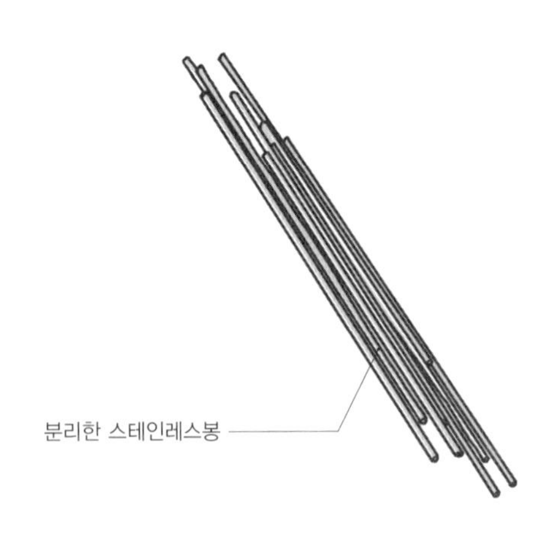

❷ 다 분리하면 단단하면서도 녹이 덜 스는 스테인레스 지지대를 얻을 수 있습니다.

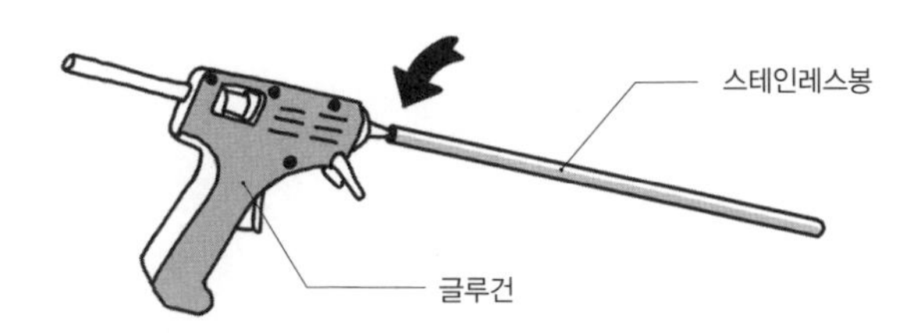

❸ 글루건에 전원을 연결해서 열을 올려준 뒤, 비어 있는 봉 안으로 2~3번 정도 글루를 쏘아서 넣어줍니다. 이렇게 막아주는 이유는 그 안으로 흙이 들어가는 것을 방지할 뿐 아니라 뿌리가 잘리거나 다치는 것을 막을 수 있기 때문입니다.

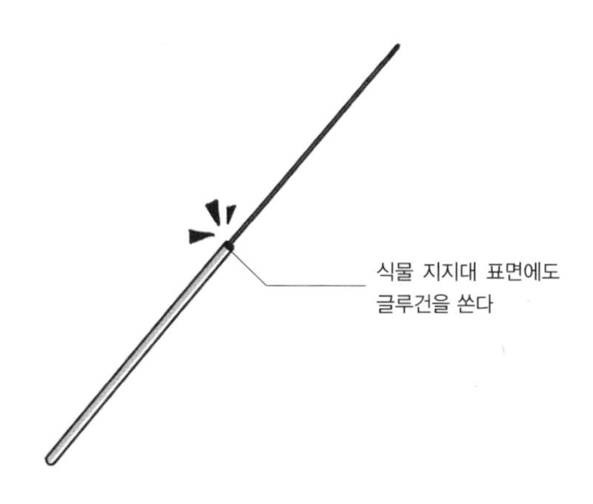

❹ 더 긴 지지대가 필요하다면 스테인레스봉 안에 두께가 더 얇은 지지대를 넣어줍니다. 넣을 때 지지대 표면에 도 글루건을 쏘아야 안으로 들어가면서 꽉 채워져 단단하게 잡아줍니다. 너무 조금만 밀어넣으면 결합이 약하게 되기 때문에 최소한 5cm 이상은 넣어서 결합해주면 좋습니다.

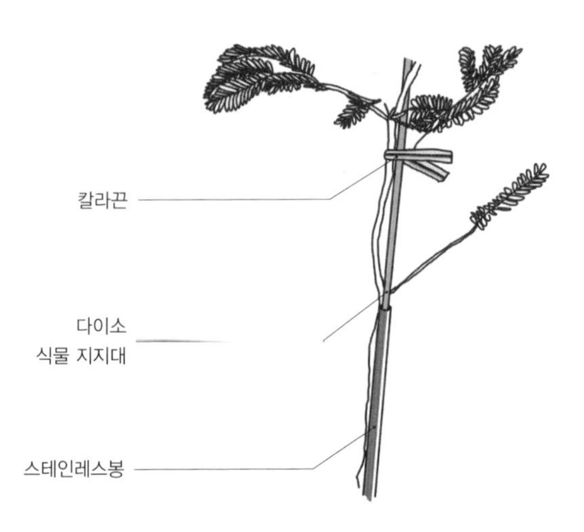

❺ 식물을 칼라끈으로 고정해줍니다. 지지대 두 개를 케이블타이로 묶어도 됩니다. 다만, 이 경우 아래의 지지대가 더 굵거나 단단해야 휘청거리지 않습니다.

focus 작업 시 주의할 점

1. 오래된 스테인레스봉은 녹이 슬 가능성이 있으니, 사용 전 녹이 없는지 꼼꼼히 확인하고 필요 시에는 녹 방지 처리를 하세요.
2. 지지대가 식물보다 너무 길거나 짧지 않도록 적절히 조정하세요. 과도하게 긴 지지대는 불안정하고 보기에도 좋지 않을 수 있습니다.
3. 외부에 둘 경우, 바람이나 식물의 무게에 의해 지지대가 넘어질 위험이 있으니 무거운 토분을 사용하거나 지지대가 땅에 깊숙히 박혀 단단히 고정될 수 있게 확인해주세요.

PVC필름 수태벽 만드는 법

☑ PVC투명필름(0.5mm), 정사각형 구멍 폴리에틸렌(PE)망, 케이블타이, 젖은 수태, 펀칭기, 칼, 가위, 가드닝용 집게

수태벽은 수태봉을 확장된 형태라고 생각하면 됩니다. 이 방법은 수태 외부에 노출되어 있지 않아 수태봉보다 상대적으로 수분이 오래 유지되는 장점이 있습니다.

이번 장에서는 수태벽을 만드는 방법과 활용 팁을 자세히 다룹니다. 이 방법을 활용하면 더욱 풍성하고 아름다운 수직 정원을 만들 수 있습니다.

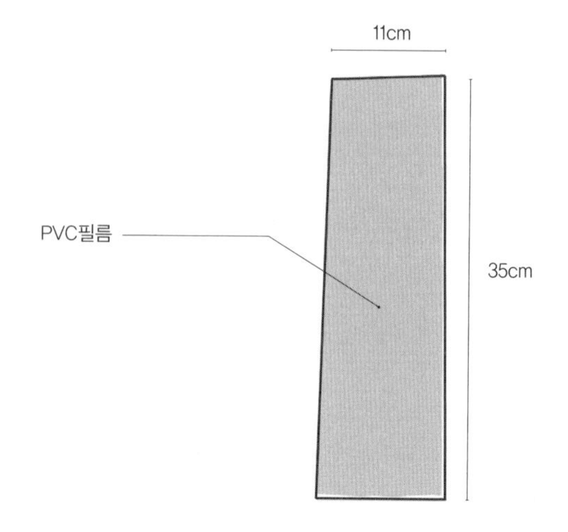

❶ PVC필름을 잘라줍니다. 필름의 두께는 0.5mm가 적당합니다.

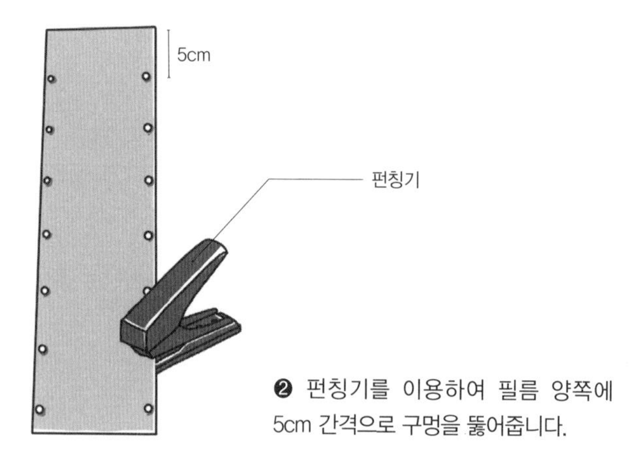

❷ 펀칭기를 이용하여 필름 양쪽에 5cm 간격으로 구멍을 뚫어줍니다.

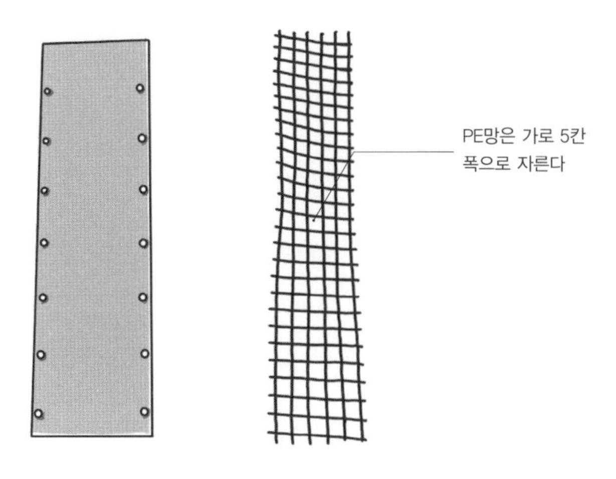

❸ PE망은 5칸을 폭으로 잡고 잘라줍니다.

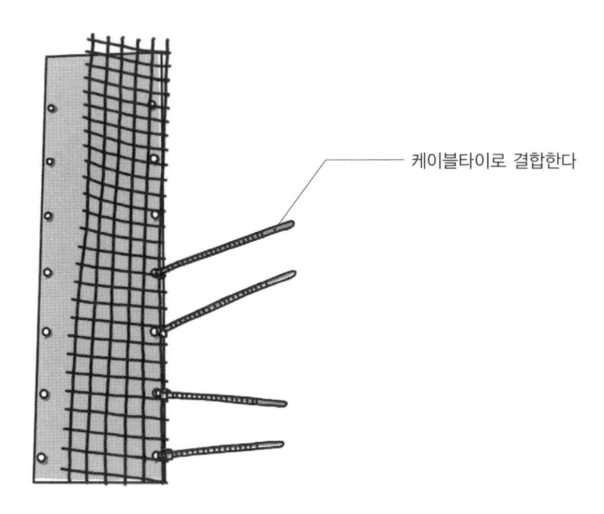

❹ 구멍에 케이블타이를 넣어 PVC필름과 PE망을 결합합니다.

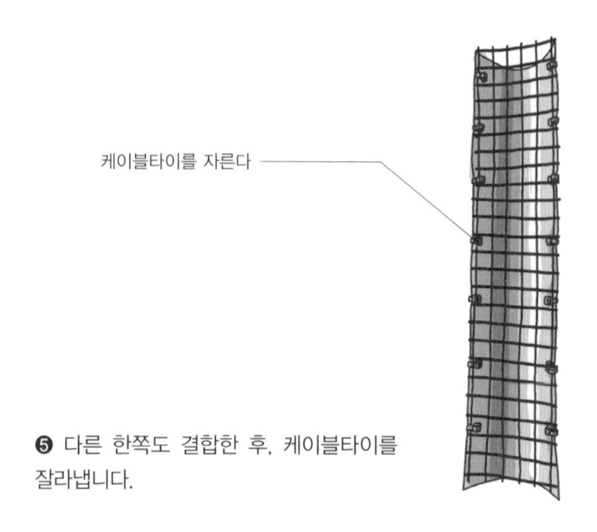

❺ 다른 한쪽도 결합한 후, 케이블타이를 잘라냅니다.

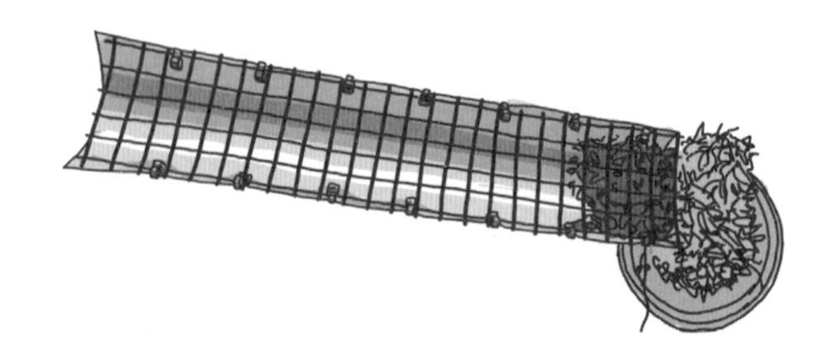

❻ 물에 젖은 수태를 살짝 짜서 수태벽 안에 넣어줍니다.

tip 수태는 수태벽에 다 꽉 채우지 말고, 식물의 키에 맞게만 넣어주세요. 식물의 성장에 따라 수태를 채워주면 됩니다. 만약 수태벽의 길이만큼 식물이 크다면 PE망을 한 쪽만 결합하고 수태를 넣어준 다음 다른쪽을 결합하는 것이 더 쉽고 편리합니다.

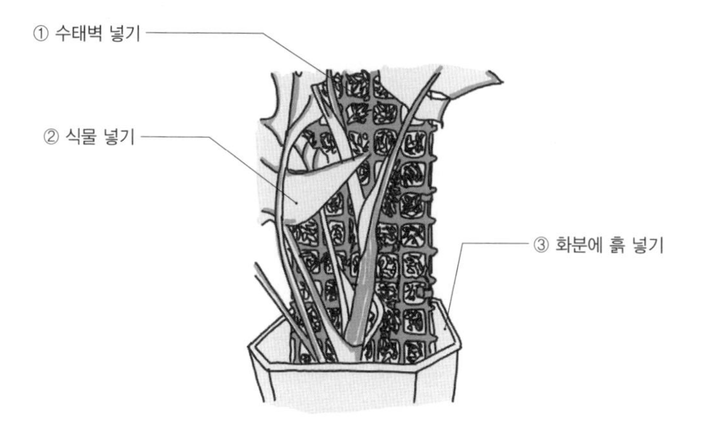

❼ 분갈이할 때는 수태벽을 먼저 넣고 식물을 넣은 다음, 화분에 흙을 채워줍니다. 그러면 수태벽이 흔들림없이 잘 서 있습니다.

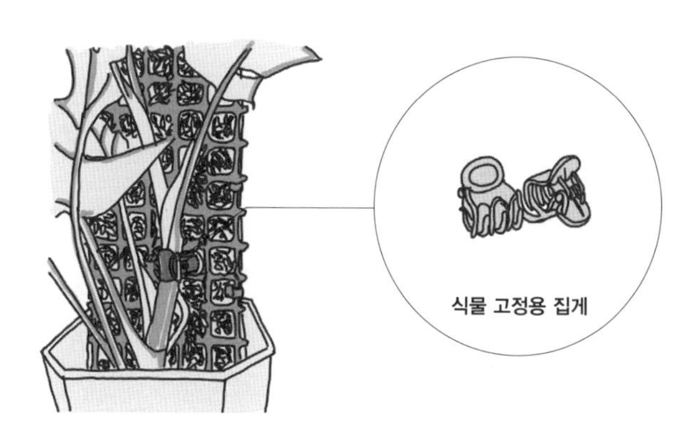

❽ 식물은 가드닝용 집게 등을 이용해서 고정합니다. 가드닝용 집게는 줄기가 얇은 식물을 고정할 때 유용하므로 하나씩 장만해두면 좋습니다.

코코넛봉 수직으로 세우는 법

☑ 전동드릴, 케이블타이 3~4개, 2mm 이상의 분재철사, 니퍼

식물이 코코넛봉을 타고 자라다 보면, 무게 중심이 한쪽으로 쏠리면서 코코넛봉이 기울어지는 경우가 생깁니다. 이때 케이블타이와 분재철사만 있으면 코코넛봉을 수직으로 세울 수 있습니다.
플라스틱 화분에서는 철사가 잘 고정되지 않을 수 있으므로, 화분 가장자리 구멍을 활용해 케이블타이로 단단히 고정하는 것이 좋으며, 토분의 경우 분재철사와 케이블타이를 이용하면 충분한 지지력을 확보할 수 있습니다. 순서에 따라 케이블타이의 방향을 잘 확인하여 작업해보세요.

플라스틱 화분

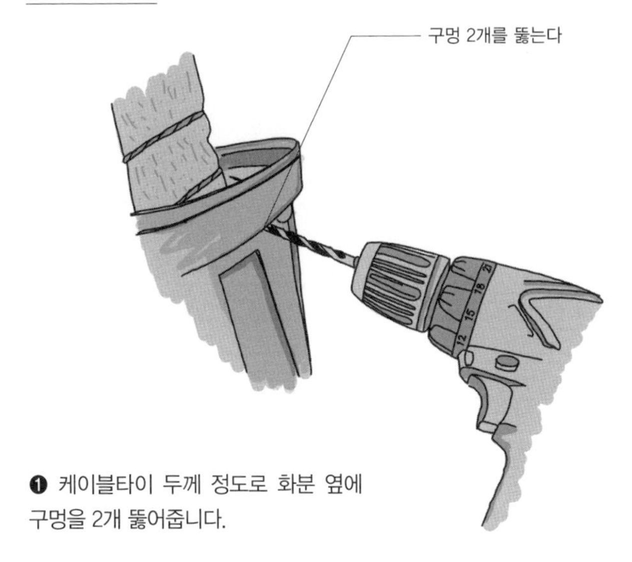

❶ 케이블타이 두께 정도로 화분 옆에 구멍을 2개 뚫어줍니다.

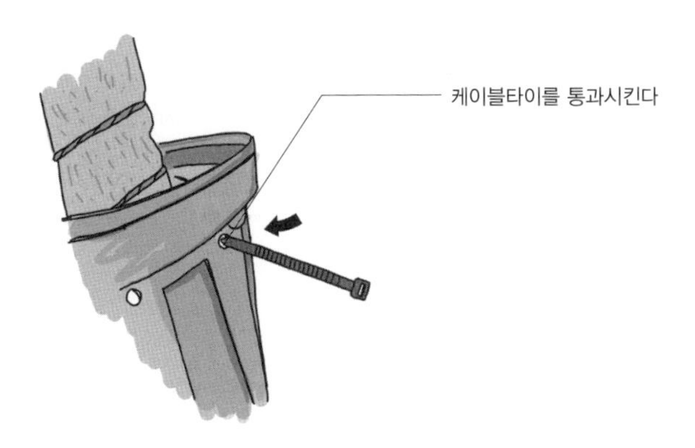

❷ 한쪽 구멍에 케이블타이를 통과시킵니다.

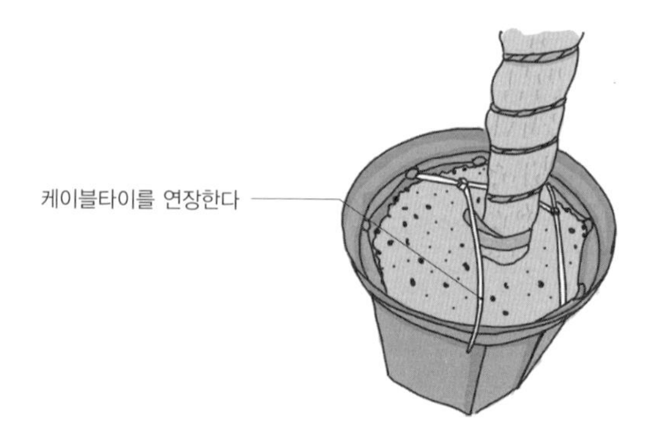

❸ 코코넛봉을 두를 정도의 길이로 케이블타이를 연장시켜줍니다.

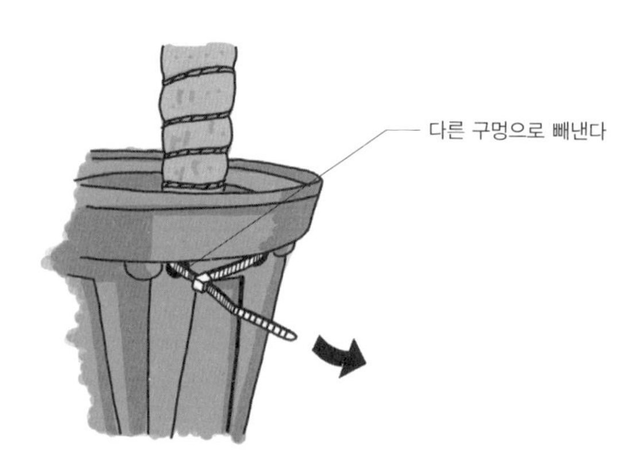

❹ 그 후 다른 한쪽 구멍으로 케이블타이를 빼내어 조여줍니다.

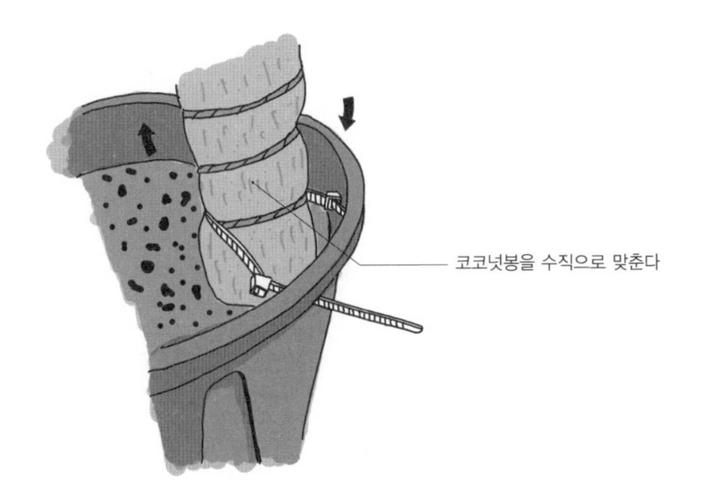

❺ 케이블타이를 조이면서 코코넛봉의 수직을 맞춰줍니다.

❻ 케이블타이를 조이고 남은 부분은 잘라줍니다.

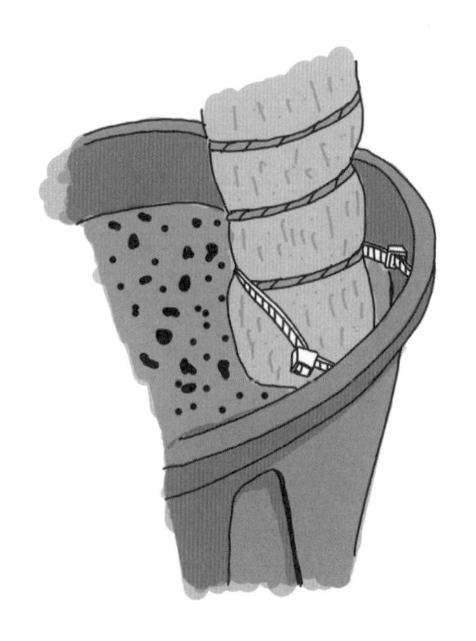

❼ 이후에 코코넛봉이 기운다면 케이블타이를 다시 연결하여 맞춥니다.

focus 작업 시 주의할 점

1. 케이블타이를 너무 꽉 조이면 코코넛봉이 손상될 수 있으니 적당한 힘으로 조여야 합니다.
2. 케이블타이의 남은 부분은 잘라내어 깔끔하게 마무리하세요. 남은 부분이 식물이나 손에 걸릴 위험이 있습니다.

토분

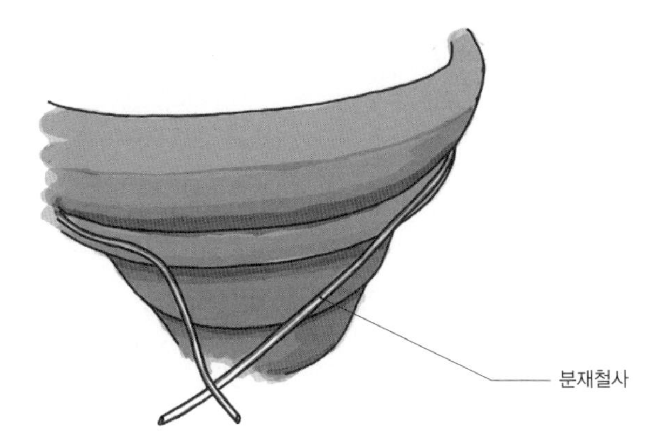

❶ 토분 둘레에 분재철사를 감아줍니다.

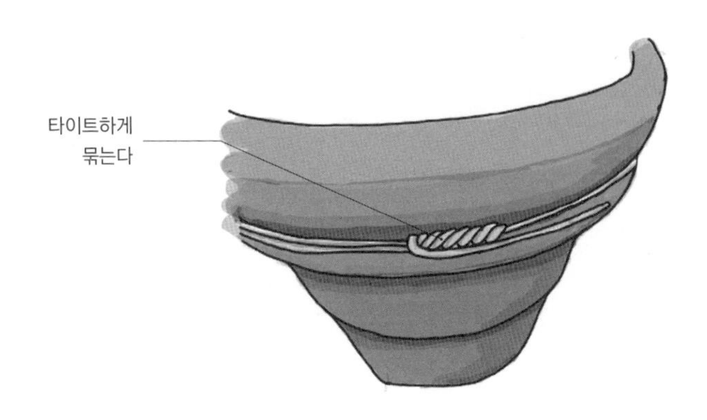

❷ 토분 둘레에 분재철사를 2번 정도 두른 후, 타이트하게 묶어줍니다.

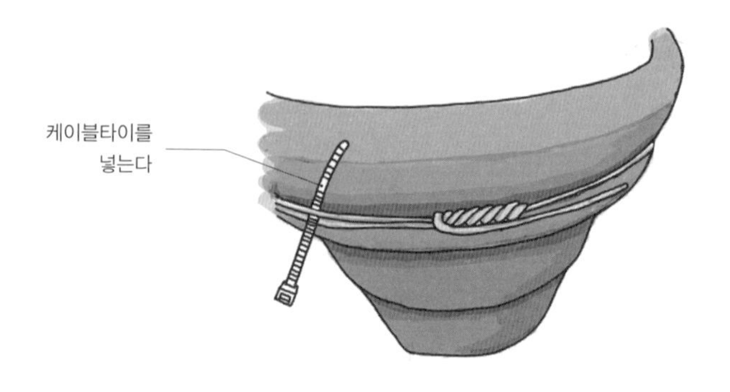

❸ 분재철사 사이로 케이블타이를 넣어줍니다.

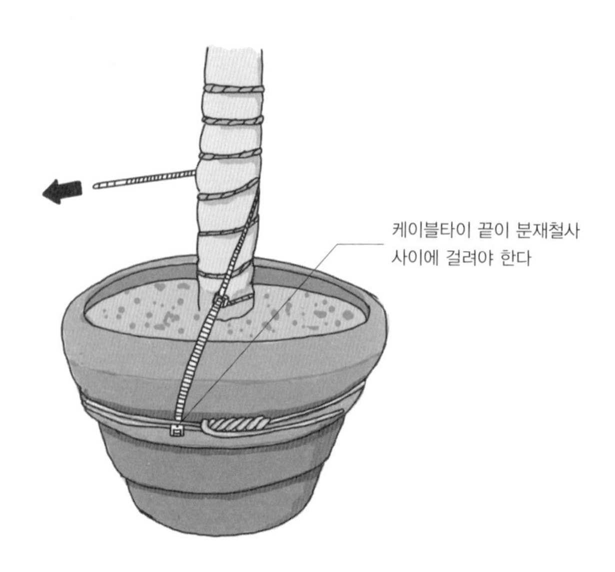

❹ 원하는 길이만큼 케이블타이를 연결하고 코코넛봉을 감싸듯 두른 후 당깁니다.

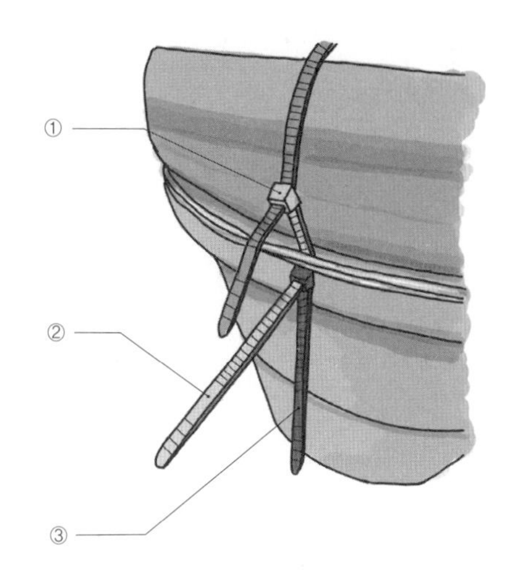

❺ 케이블타이를 분재철사 사이로 빼낸 뒤, 코코넛봉 기울기를 조절할 수 있도록 케이블타이 하나를 더 연결하여 분재철사에 걸리도록 합니다.

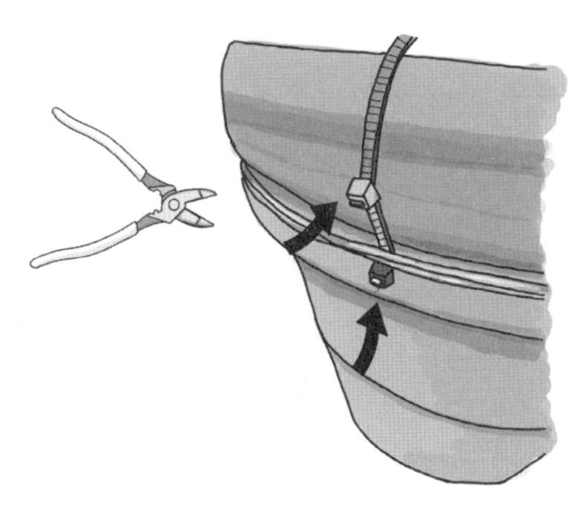

❻ 원하는 방향으로 당겨준 다음 자투리를 니퍼로 잘라서 제거해줍니다.

분재철사로 식물 수형 잡는 법

☑ 4mm 분재철사, 2mm 분재철사, 철제 지지대, 니퍼

분재철사를 활용하면 쩍 벌어진 식물의 수형을 차분하게 정돈할 수 있습니다. 수형 교정 장치 없이 분재철사만으로도 효과적인 교정이 가능합니다. 시간이 지나 철사를 제거한 후에도 식물의 줄기와 잎은 교정된 위치를 유지하는 것을 확인할 수 있습니다. 이 방법은 몬스테라, 필로덴드론과 같은 줄기가 굵거나 유연한 종의 식물에 특히 적합합니다.
이번 장에서는 분재철사를 이용한 구체적인 수형 교정 방법과 주의점을 소개합니다.

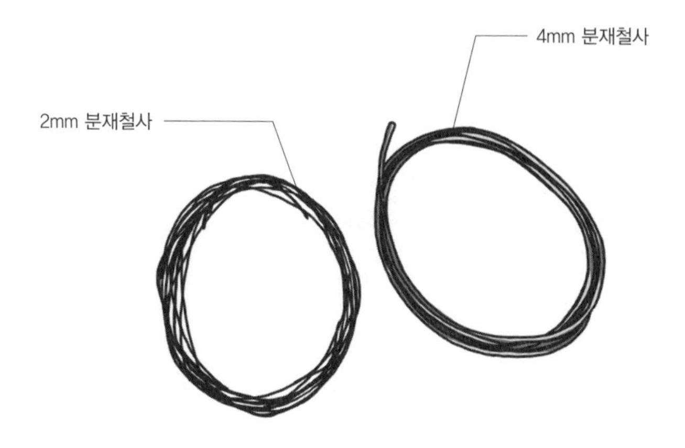

❶ 4mm의 굵은 분재철사와 2mm의 얇은 분재철사를 준비합니다.

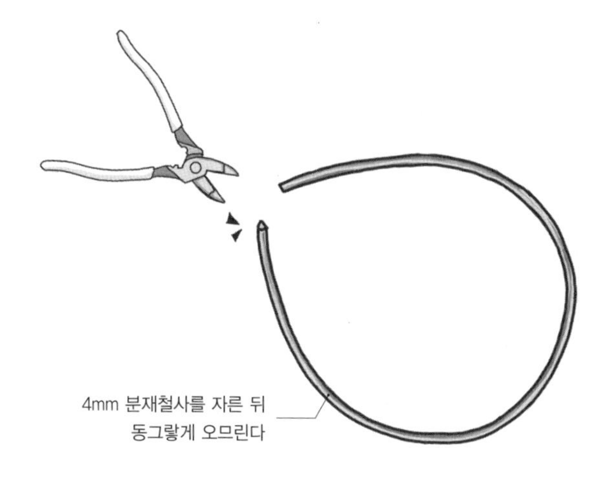

❷ 분재철사를 잘라서 동그랗게 오무립니다. 지금의 식물의 상태를 보고, 너무 심하지 않은 정도로 모아줄 수 있는 직경을 가늠하여 잘라주세요.

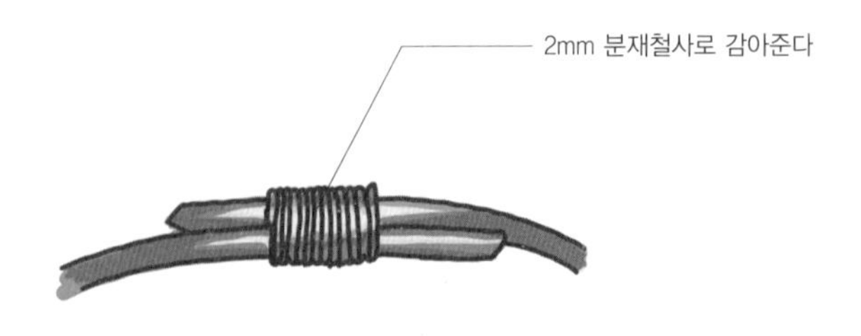

❸ 구부린 굵은 분재철사 양끝을 서로 맞댄 뒤 얇은 분재철사로 감아주세요. 이렇게 감으면 분재철사의 직경을 원하는 대로 늘였다 줄였다 할 수 있습니다.

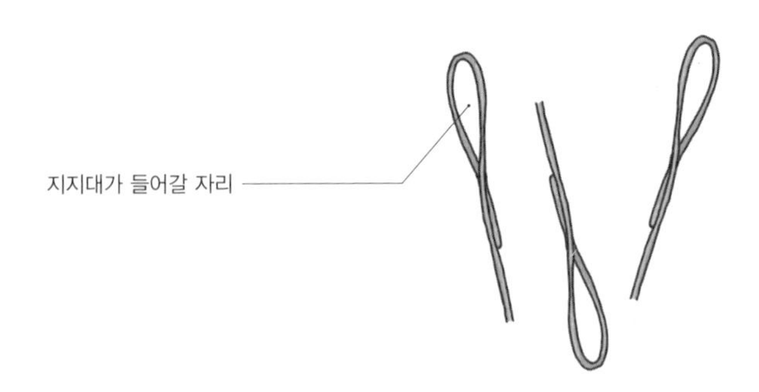

❹ 2mm 분재철사의 가운데를 반으로 구부립니다. 가운데 구멍은 지지대가 들어갈 자리입니다. 3개를 준비합니다.

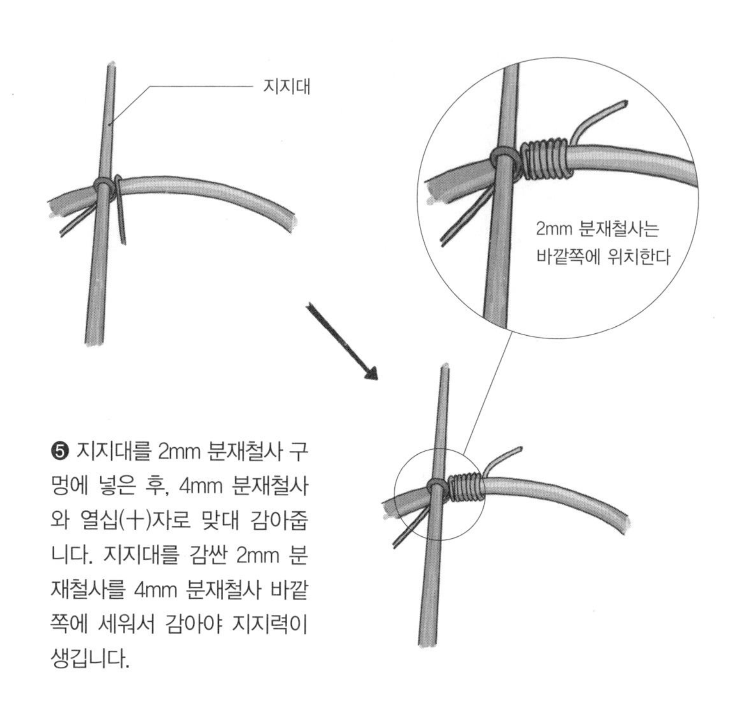

❺ 지지대를 2mm 분재철사 구멍에 넣은 후, 4mm 분재철사와 열십(十)자로 맞대 감아줍니다. 지지대를 감싼 2mm 분재철사를 4mm 분재철사 바깥쪽에 세워서 감아야 지지력이 생깁니다.

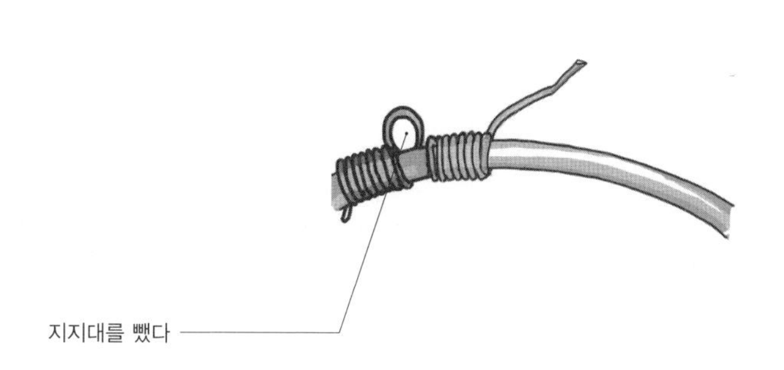

❻ 철사를 감은 뒤 지지대를 뺍니다.

❼ 같은 방법으로 2곳에 지지대와의 연결고리를 더 만들어줍니다.

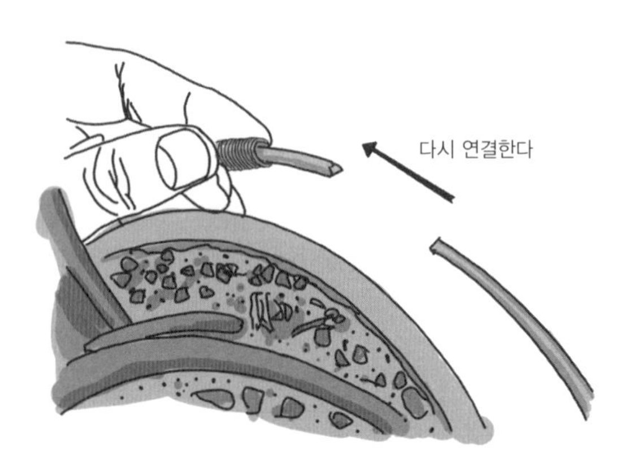

❽ 연결 부위를 해체한 뒤, 식물을 감싸고 다시 연결합니다.

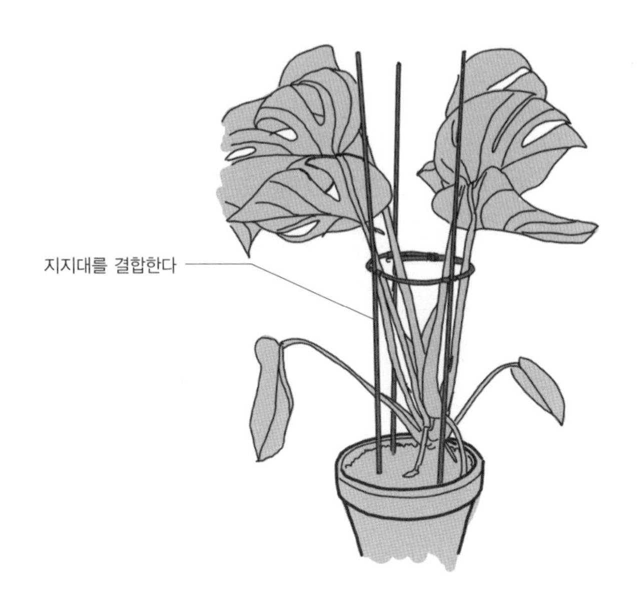

❾ 지지대를 하나씩 결합하면서 화분 흙에 꽂습니다.

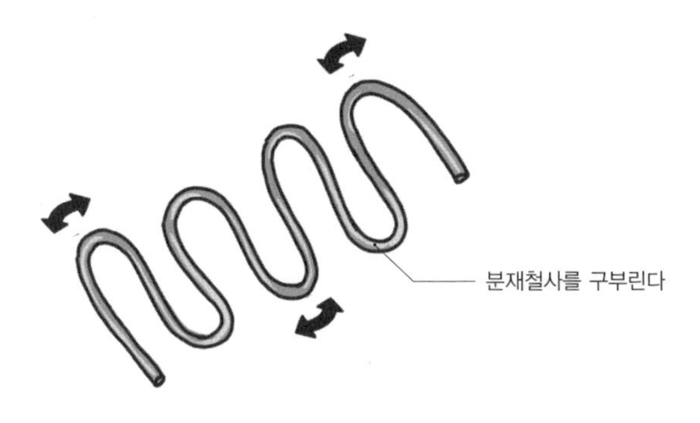

❿ 굵은 분재철사를 일정한 간격의 물결 모양으로 구부려줍니다.

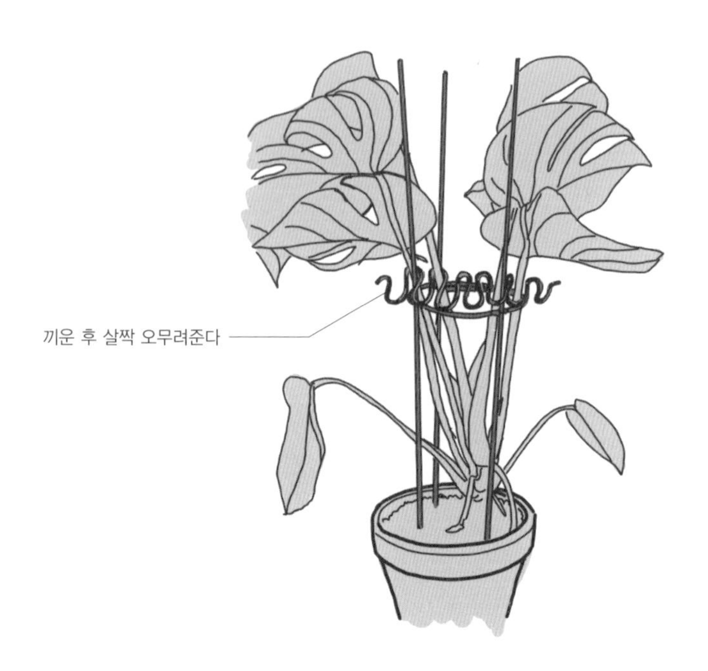

⑪ 잎의 수를 감안하여 구부린 후, 줄기 사이 사이에 하나씩 끼웁니다. 살짝 오무려서 바깥으로 이탈하지 않게 해주면 일정한 간격으로 잎자루가 정렬됩니다.

focus 작업 시 주의할 점

1. 식물이 자라면서 분재철사가 파고들 수 있으므로, 주기적으로 철사가 너무 타이트해지지 않았는지 점검하세요.
2. 분재철사를 고정한 후 흔들리지 않도록 단단히 고정하되, 식물에 부담을 주지 않도록 유의하세요.

유용한 DIY 도구들

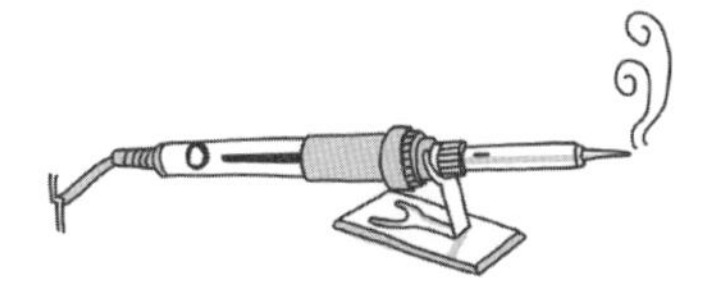

전기 인두 플라스틱 화분에 구멍을 뚫거나 녹여 연결할 때 사용합니다.

철솔 토분의 찌든 때를 제거하는 데 유용합니다.

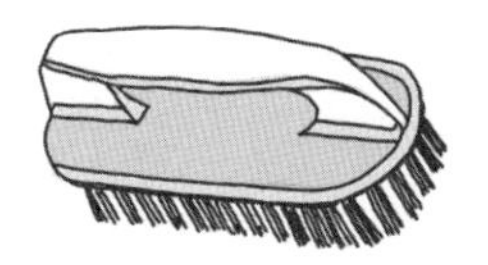

일반 솔 토분이나 플라스틱화분에 묻은 흙이나 먼지를 제거할 때 사용합니다.

1구 펀칭 종이나 플라스틱 등에 작은 구멍을 뚫는 도구로, 가드닝에서는 식물 이름표를 만들거나 수태벽을 만들 때 활용합니다.

꼭꼬핀 벽에 가벼운 지지대를 고정할 때 활용하지만, 상토 보관 시 비닐백에 구멍을 낼 때 유용하게 사용됩니다.

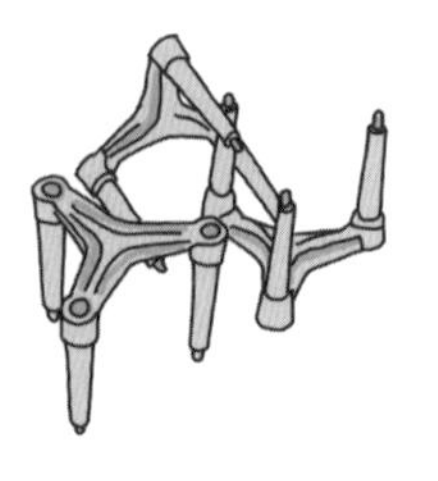

피자고정핀 식물 키우는 데 쓰임이 많습니다. 식물을 번식하기 위해 줄기를 자른 후 줄기 절단면의 오염을 막기 위해 받치는 데도 유용하게 쓰입니다.

전동드릴 구멍을 뚫거나 피스못을 박을 때 유용하게 쓰입니다. 가드닝생활 시 화분이나 목재에 구멍을 뚫는 데 필요합니다.

케이블타이 가드닝 생활에 필수품이라고 할 수 있습니다. 식물 지지대를 만들거나 식물을 고정할 때도 간단하히 해결하는 데 효과적입니다.

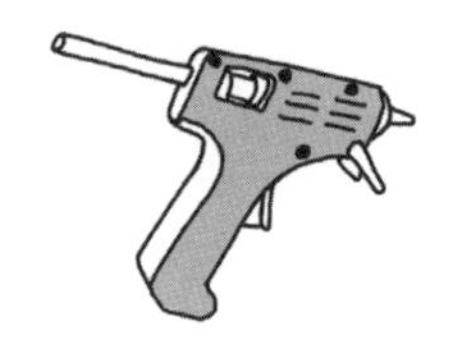

글루건 플라스틱이나 가벼운 재료를 접착할 때 또는 임시로 고정할 때 적합한 도구입니다.

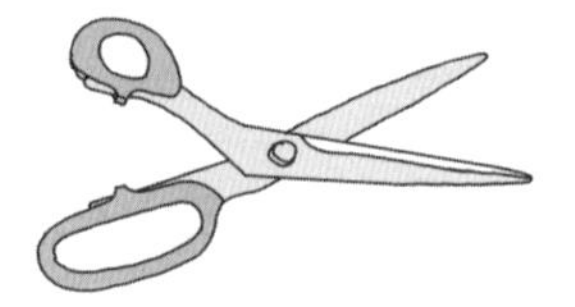

가위 식물 관리할 때나 부드러운 재료를 절단할 때 필수적인 도구입니다.

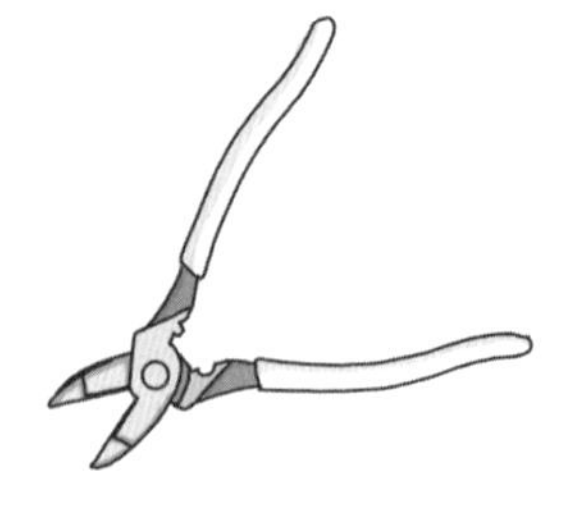

니퍼 철사나 케이블타이, 칼라끈 등의 식물 재료를 깔끔하게 자를 때 유용합니다.

쪽가위 시든 잎이나 가는 줄기 등을 정리할 때는 가드닝용 가위보다 쪽가위가 더 유용합니다.

커터칼 플라스틱, 종이 등 다양한 재료를 자를 때 사용합니다.

분재철사 식물의 수형을 잡거나, 식물 지지대를 만드는 등 가드닝 생활에 다양한 용도로 쓸 수 있는 재료입니다.

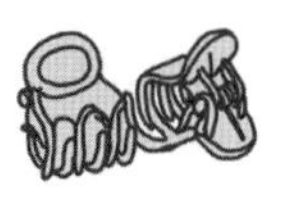

식물용 집게 식섬세한 직물 정리 시 유용합니다. 특히 줄기가 가는 식물을 지지대에 고정시킬 때 사용하세요.

칼라끈 작은 줄기나 덩굴식물을 지지대에 묶을 때 사용합니다. 칼라끈은 부드러워 식물 줄기를 손상시키지 않고 고정할 수 있습니다. 다만 식물 줄기가 커질 때 칼라끈을 그대로 두면 파고들 수 있기 때문에 적절한 시간 간격을 두고 다시 묶어주는 것이 좋습니다.

송곳 작은 구멍을 뚫거나 작업할 때 필요합니다. 코아테이프로 지지대를 만들 때 유용합니다.

강력접착제 세라믹이나 플라스틱 등을 붙일 때 실용적인 도구입니다. 하지만 식물에 직접 사용하지 않도록 주의하세요.